K.G. りぶれっと No. 18

データ解析への洞察
数量化の存在理由

西里 静彦 [著]

母の遺影にささぐ

序　言

　データ解析法という言葉は今日どこでも使われており、かなり身近なトピックになっている。誰にでもわかるデータ解析法とかみんなのデータ解析法とか言われるように、それは今や統計学の領域にとどまらず、あらゆる領域の人々のための方法であるという感じである。これを反映して心理学、社会学、教育学などの社会科学でもデータ解析の本が無数に出ている。それだけ普及しているデータ解析法に関する本を、なぜ今になって改めて書こうとしているのか？　その理由は、それが普及したがために一度足を止めてデータ解析の本質を再検討する必要性を感じたからである。特に筆者には現在のデータ解析で、どうしても納得のいかないことがひとつある。データを任意に数で表すことである。特にライカート方式といって、たとえば「全くない」、「たまにある」、「しばしばある」、「常にある」という反応に、1, 2, 3, 4 というような等間隔の得点を与えてデータを処理することである。本書はこの話題を中心に、その背後にある考え方を見ながら現在のデータ解析に批判がましい個人の見解を述べたものである。肩のこらない軽い読み物として、そういう考え方もあるかと感じていただければ幸いである。

　本書は文部科学省の「魅力ある大学院教育」イニシアティブに採択された「理工系分野に貢献する心理科学教育」（代表者　八木昭宏先生、2005-2006年度）の一環として企画されたものである。2006年11月再び関西学院大学に客員教授として招かれた時、ホストの文学部心理学研究室の八木昭宏先生から、この話を依頼された。さらに嶋崎恒雄先生、成田健一先生が本の出版に関しいつでも手助けをして下さるとのこと、名方嘉代氏からもすでに多くの助力をいただいた。長年日本語で本を書きたいと思っていたので八木先生からのお言葉を即座に引き受けた。そ

こまでは良かったが、その直後プロジェクトのために何を書いたらよいのかという問題が持ち上がった。思案のあげく思いつくまま自分が考えるデータ解析について書くことにした。私の専門は計量心理学のスケーリング（測度の作成）という領域で統計学ではない。そのような筆者のデータ解析に対する批判的言論には誤解もバイアスもあろうし、その持論に反対される専門家も多いものと思う。しかし持論が出る可能性に関しては八木先生、嶋崎先生、成田先生からも了承を得ている。年寄りの冷や水として勘弁していただければ幸いである。

　2000年にトロント大学を定年退職して以来、関西学院大学と同志社大学に客員教授として招かれる幸運を得た。関西学院大学ではホストをして下さった社会学部の藤原武弘先生、経営戦略研究科の中西正雄先生、山本昭二先生、数回お招き下さった文学部心理学研究室の八木昭宏先生、長年の知己で何かとお世話をして下さった二人の素晴らしい学者兼人生の指導者である前学長の今田寛先生と前理事長、元学長の武田建先生、毎年のように顔を合わせてきた心理学研究室の先生方と事務の方々、学生諸氏、毎回の訪日の面倒を見て下さった国際教育・協力課の谷井信一氏。また同じ客員で来られたカナダのウインザー大学名誉教授小橋川慧先生には、西宮でだけでなく、トロントでも毎度お教えいただいている。同志社大学関係では、ホストの社会学部立木茂雄先生、心理学の山内弘継先生、ノースカロライナ大学時代の同級生故浜治世先生、日本語で初めての本（西里，1975）を出す手立てをして下さり、今日まで長年ご指導と親切なご助言を下さった前学長、前総長の松山義則先生。この他、訪日の都度、講演の機会を与えてくれた統計数理研究所の馬場康維先生。さらには、北海道大学の学生時代、ノースカロライナ大学の大学院時代、カナダのマッギル大学、トロント大学での教職の時代、その間の多くの恩師、級友、同僚、教え子など。私にとっては、かけがえのない機会と激励を与えて下さった皆様にこの場を借りて心から感謝の言葉を述べたい。

　本書を書くにあたって、グラフ、図表、内容などについて嶋崎先生、成田先生、大学院生の一言英文、木戸盛年、小山英理子、山地崇正の諸

氏に、内容と日本語では名方嘉代氏に大変有益なご助力をいただいた。しかし、何か誤りが残っているとすれば、それは全く筆者の責任である。最後に準備不十分の原稿を美しい本にして下さった関西学院大学出版会に心から感謝の意を表したい。

 2007年1月　トロントにて

西里　静彦

目 次

序言 ·· 3

1 はじめに ··· 11
    1.1 データ解析とは
    1.2 何を考えるか

2 統計学の考え方とお膳立て ····························· 13
    2.1 統計的解析の例
    2.2 社会科学でみるデータ
    2.3 大学のカリキュラム

3 記述統計の役割 ······································ 17
    3.1 持っているデータを信じよう
    3.2 個人差
    3.3 データ解析

4 データ解析の出発点——データの特徴 ················· 19
    4.1 測度の分類
    4.2 測度に対する無関心

5 データの収集と測度の構成 ··························· 21
    5.1 データ解析のためのデータ
    5.2 条件つきのデータ
    5.3 選択肢の数

6 測度と尺度法 ・・・23
    6.1 スケーリングとは
    6.2 スケーリングの役割

7 正規分布とデータ解析 ・・・・・・・・・・・・・・・・・・・・・・・・・・・・・・・・26
    7.1 有用な分布
    7.2 正規相関は線型相関
    7.3 ライカート得点と分布

8 変数間の非線型関係と多次元空間 ・・・・・・・・・・・・・・・・・・・・・30
    8.1 どこにでも見られる非線型の関係
    8.2 多次元への飛躍

9 変数の線型結合 ・・・・・・・・・・・・・・・・・・・・・・・・・・・・・・・・・・・・・32
    9.1 グラフによる変数の関係
    9.2 合成得点と基礎的数学
    9.3 合成得点の数値例

10 ライカート方式、SD方式の弊害 ・・・・・・・・・・・・・・・・・・・・・・39
    10.1 等間隔の得点法
    10.2 等間隔得点への疑問
    10.3 データから離れた得点法
    10.4 焦点が線型関係におかれている

11 例題による実証 ・・・・・・・・・・・・・・・・・・・・・・・・・・・・・・・・・・・・41
    11.1 血圧と偏頭痛の関係
    11.2 ライカート法の応用可能性を調べる簡便法

12 等間隔得点から非等間隔得点へ、そして線型から非線型への道 ・・・・48
    12.1 順序づけられたカテゴリーは等間隔とは限らない
    12.2 線型回帰への確かな道
    12.3 交互平均法
    12.4 特異値とは
    12.5 数量化

13 順序づけられた選択肢に順序測度を用いるのはやめよう ‥‥54
    13.1 ひとつの試み
    13.2 試みの正当化は難しい

14 拘束条件の無い自由なデータ解析法 ‥‥‥‥‥‥‥56
    14.1 多次元非線型記述解析
    14.2 英語の参考書
    14.3 解析の例
    14.4 最適な選択肢の重みとは
    14.5 内的整合性の信頼係数

15 ライカート得点方式を用いた線型解析との比較 ‥‥‥70
    15.1 例題による比較
    15.2 比較のまとめ

16 各種の相関行列 ‥‥‥‥‥‥‥‥‥‥‥‥‥‥‥72
    16.1 線型関係だけとらえる相関係数
    16.2 非線型の関係もとらえる相関係数

17 お膳立てが成り立つなら、従来の方法を使おう ‥‥‥76

18 おわりに ‥‥‥‥‥‥‥‥‥‥‥‥‥‥‥‥‥‥76

付録1 分散、主軸、固有値、相関係数 ‥‥‥‥‥‥‥‥78
    1 2次元空間の分散
    2 合成得点の分散
    3 主軸と固有値と合成得点の関係
    4 線型結合の一般化
    5 主成分分析
    6 直交座標系と相関

付録2　二次関数と主軸 ·································· 81

付録3　質疑応答（Q & A） ····························· 83

参考文献 ··· 86
索引 ··· 89

データ解析への洞察

数量化の存在理由

1 はじめに

1.1 データ解析とは

通常データの解析にあたって記述統計学、推計学という言葉が長年使われてきたが、この30年くらいの間にデータ解析という言葉が広く使われるようになった。記述統計学も推計学も、ともにデータの解析をする方法であるのに、なぜデータ解析法という言葉がそれらにとって代わるほど普及したのであろうか。この変遷に関係のある流れとして心理学、社会学、教育学でも、ここ30年くらいの間に統計学の一般教育が普及したことがある。私が北海道大学で哲学科実験心理学に進んだ1956年頃、我々学生には全く統計学の知識がないのにもかかわらず最初の授業で実験で得られたデータを基に条件差の有意検定をせよ、という課題をもらって何をすべきかに戸惑った。結城錦一、梅岡義貴、戸田正直、野沢晨、高田洋一郎、大山正、竹中治彦、寺西立年、寺岡隆、大黒静治先生など、そうそうたるメンバーを控えた北海道大学の心理学では、先生方は手の届かぬ存在であった。高田先生の「次の推定値は最小二乗解であることを証明せよ」という問いに対して何とか「証明終わり」までは書いたものの辟易としたものである。今日の心理学の学生は正規の授業により、誰しも統計学の基礎を知っている。50年前とは夜と昼の違いである。現在では社会科学の大学院の学生が線型代数を知り、因子分析、

主成分分析、多変量分散分析に精通し、これらを自由にこなしている。恐ろしくなるほどの時の変遷を感じる。データ解析という言葉はこのように統計学が社会科学の分野にも普及したのを機に台頭した言葉であるように思われる。

　それでは聞こう。「データ解析法とは何か？」。これに対する答えは多数ある。私の答えは「データ解析法というのはデータを解析できる方法」である。いささか馬鹿げた回答であるが、これは「良い先生とは？」に対する答えとして「それは、教えることができる先生である」というのに似ている。私の見るところ、ともに当を得た回答であると思う。

　なぜ当を得たといえるのか？　その回答の影にあることはデータ解析法という名を掲げながら、データを説明できないような方法が横行している現実がある。つまりデータ解析の目的を、データに含まれている情報をできるだけたくさん抽出すること、と定義すれば、確かにその目的にそぐわない解析法が多数ある。同様に良い先生と言っても格好がよく、声が大きく、学生に勉強をさせることはできても、何も教えることができない先生がいるという現実がある。私の定義は「良い先生というのは学生に学ぶことを教えることができる先生」である。

　本書の話題はデータ解析法なのでそれに話を戻そう。それではデータを解析できる方法というのはどういうものであるか、例題をあげて考えながらデータ解析の多くの側面に光を当ててみよう。先ほど「どうしても納得のいかない問題」として、ライカート（Likert）方式の得点法をあげたが本書ではこの問題を徹底的に検討してみたい。つまり「全くない」、「たまにある」、「しばしばある」、「常にある」というような反応に、1, 2, 3, 4 というような任意な等間隔の得点を与えてデータ処理をするという常套的な方法が、データから情報を取り出そうというデータ解析にとって致命的な障害になっているということである。本書では、なぜそれが不適当かを調べる簡単な方法を紹介し、それによる弊害を十分に見ていきたい。

1.2 何を考えるか

　ここでは、統計学の知識を前提にしないので常識の域で話を進めたい。実験計画に基づいて集められた連続量のデータの解析は従来の強力な推計学に任せ、本書の対象は探索的に集められたカテゴリーデータである。臨床心理でスケールを作成する場合のように、一次元を想定した場合に用いられるライカート方式の得点法（順序のついたカテゴリー「まれ」、「ときどき」、「しばしば」に整数 1, 2, 3 を与えるというような得点法）を批判的に見るのではなく、多次元的、非線型的関係を含むと思われる探索的データ解析にもライカート方式を惰性的に使用している今日の常套手段に批判の目を向けたい。この問題を検討する前に多数の基礎となる事柄を見て準備を整える。これから論ずることには多かれ少なかれ、見解の相違の領域にとどまるものもあろう。しかし、本書の目指すところは見解の相違を超えてさらにその先を追及する糧を見出してくれればという願いである。

2 統計学の考え方とお膳立て

2.1 統計的解析の例

　大きな養鶏場で卵にある加工を施した。それは卵が早くかえるのを目的としたものである。かえる日が通常より3日以上短縮されたら成功、そうでなければ不成功としよう。いざ観測を始めると1個めは成功、2個めも成功、3個めも成功、ということでデータが次のように得られた。
成、成、成、成、成、成、成、成、成、成。

　ただし「成」は成功を示す。このような結果が何回続いたら孵化短縮法は成功であったといえるであろうか？ 統計学的に考えてみよう。まず成功するかしないかは半々という仮説を立てる。これを帰無仮説という。つまり、成功の確率は 0.5、不成功の確率も 0.5。次に、この帰無仮説のもとで実験で得られた結果の確率を計算する。これを検定量と呼ぶ。この例題では 10 回「成功」が続いたのであるから、検定量 P は、
$P = 0.5 \times 0.5 \times 0.5 \times 0.5 \times 0.5 \times 0.5 \times 0.5 \times 0.5 \times 0.5 \times 0.5 = 0.0010$

ところで、データのため使われた10個の卵は多数ある中からランダムに選ばれたものという前提がある。そして10個の卵は1個1個調べられたと仮定している。つまり独立に 10個を取り上げたということである。10個の「10」は標本数と呼ぶ。これらの条件で検定量Pは0.0010であるから、最初の10個がこのように続いて成功に終わるという確率はこの帰無仮説の下では非常に小さいということである。しかしその確率はゼロではない。ここに統計学の不確定性が入り、それを乗り越えるために臨界値というものを導入する。それは何かというと特定の帰無仮説の下に得られた実験結果の生起確率がたとえば0.05以下なら帰無仮説を棄却しようというのである。その基準値、確率0.05を臨界値、あるいは危険度と呼ぶ。それは帰無仮説が正しい確率であるがその値がこれほど小さいのであるから、帰無仮説を破棄しようというのである。この臨界値をアルファ（α）で示すが、その値はまた、帰無仮説が正しいのにそれを破棄してしまうという誤判断の確率でもある。したがってここでの結論は処理法の結果は5パーセントで有意であるという。つまり処理法の有効性が実験的に有意に示されたということになる。

　ところでこの例に見られるお膳立てをもう一度取り上げてみよう。まず無作為に10個の卵を調べたこと、これを実験の独立性という。次に、確率の計算に関して毎回の成功、不成功の確率が0.5で一定であること（これをベルヌーイ過程　Bernoulli process という）、つまり確率の計算の条件が明らかであること、今データとして得られた結果が帰無仮説という条件下で起こる確率を計算したこと、臨界値という判断の基準を設けて不確定な事態に実用的な決定方法を導入したことである。

　さて実験の独立性に関しては一般には実験結果を一般化する際の一般化の領域、つまり母集団というものを想定し、そこから無作為抽出で得られるデータ（観測値）というお膳立てが用いられる。次に上の確率計算で用いられた条件はベルヌーイ試行と呼ばれるが、もっと一般的な統計の応用ではデータが正規分布をする母集団から無作為抽出で得られたものであるということに置き換えられる。あるいはデータから得られた統計量（たとえば、平均値）の分布が多数回の実験では正規分布をす

る、つまり統計量の標本分布は正規分布に従うということに置き換えられる。これにより実験結果から得られた統計量（平均値、分散など）が帰無仮説の下で得られる確率が計算され、その確率が臨界値より小さい場合、帰無仮説を棄却し結果は有意であったという結論を下す。それが臨界値より大きい場合、帰無仮説を棄却することはできない。

　このお膳立てが整った場合、結論の対象は得られたデータではなく母集団である。つまり標本で得られた結果を母集団に一般化する。したがってたとえば、ある学校の一年生から得られたデータ解析の結果を全国の一年生に当てはまる結果として報告するのである。この一般化こそ推計学の目的かつ本質であり、記述統計学の果たしえない夢である。このお膳立てが整った条件の下では仮説検定（つまり帰無仮説に関する確率的決定）が中心的関心である。そして一般化の対象は常に母集団である。この際、我々が注意を払うことは、どのような統計量（平均値、相関係数、分散、比率など）に関して結論を下したいかにより手続きが若干異なるものの、論理的解析の手続きは同じであるという点である。

2.2　社会科学でみるデータ

　我々が一般に扱うデータ解析では、必ずしもこのようなお膳立てが無い、というよりはお膳立てが当てはまらないことが多い。この際、帰無仮説の検定はバベルの塔のようでしっかりした基礎がなくそれから出る結論には意味が無いばかりか誤解を招くことになりかねない。我々が見るところ実際にはお膳立てなしに帰無仮説の検定をしていることが往々にあるのである。それではいくら頑張っても科学的進歩には貢献をしない無駄な努力と言わざるを得ないばかりか、誤った結論で科学的進歩を妨げていることだと言っても過言ではない。社会科学の分野では連続量のデータはまれでカテゴリーデータが多いが、順序測度に整数を与えて（例：ライカート方式の得点法）連続量であるかのごとくに処理することが往々にして見られる。サンプルから得られた結果を一般化するにはランダムサンプルであることが前提であるが、現状はたとえば電話で質問に回答してもらうというようなデータ収集をし、20パーセントが答

えてくれたと言って喜んでいる。しかし電話で快く答えてくれた人々は果たしてランダムサンプルであろうか。電話に出て回答してくれる人など、よほど時間を持て余しているか物好きな人々だと言ってもそれほど現実からは遠くないであろう。ランダムサンプルだと言って使ったある学校のあるクラスの学生も教育委員会の許可、校長の許可、教師の同意を得て初めてデータ収集に参加したのであるから、これもランダムサンプルとは大いに異なる。しかし現状はそのようなデータを仮説検定に掛け、結果が有意であるとかないとかいうのが日常茶飯事で、これでは同じ結果の復元ができないのも当然であろう。

　ここで言いたいことは特に社会科学で解析するデータの多くは上のような統計学、推計学のお膳立てを満たさない、ということである。ランダムサンプルでないということが大きな障害になっている。さらに正規分布というとマイナス無限大からプラス無限大まで広がる分布であるので我々が通常得るデータには想定できない分布であるにもかかわらず、正規分布の仮定が当てはまるか否かの検討すらなく当然のごとくにそれを用いている。実際には後から述べるように正規分布の仮定も情報の抽出には大きな障害になっている。

　しかしデータ解析の現場を見るとデータは何から何まで仮説検定を伴う解析により処理されている。なぜであろうか？　深刻な問題であるにもかかわらず統計学的手法の応用の適宜性は一向に注目を集めない。意図的な無視なのか、教育不足なのか、あるいは怠惰によるものかはわからないが、とにかく慢性的な現象である。

2.3　大学のカリキュラム

　この影にある大きな問題は社会科学における大学のカリキュラムにあるのではないかと思う。つまり統計学、データ解析法は社会科学では二次的な学問である。学生の教科課程はまず専門の教科で大部分が埋められる。残ったわずかの時間に統計学が入る。それで限られた時間での統計学となると伝統的な統計学、つまり推計学となり仮説検定が統計学教育のゴールとなっている。それ以外のデータ解析法までは到底手が届か

ない。このような事情があり社会科学の領域で実際に多くの人が経験することは大学を卒業してから研究、あるいは勤めの関係でデータを集めたところ、どうもそれまで勉強した統計学が使えないようなデータであるという発見である。統計学の考え方は非常に重要であるがその教育からさらに実際に即したデータ解析法も教えるというのは、コンピューターの普及した今、大学の義務ではないであろうか？　本書ではそのようなデータ解析法のひとつを考え、これからの参考にしてもらえば何よりである。もちろん統計学のお膳立てが整っている場合は高度に進んだ統計学、推計学を大いに活用すべきで、その恩恵を忘れてはならない。

3　記述統計の役割

3.1　持っているデータを信じよう

　記述統計学では自分の手元にあるデータを細かく記述し、そこに規則的なまとまりや傾向を見出そうとするもので、結果の一般化を目指すものではない。手元にあるデータ以外は仮定もモデルも使わずに、もっぱらデータの解明に全神経を集中する。統計学、推計学が数学的に複雑な理論を展開しているのは分布の理論、高度な測度、モデルがあるからであり、これに対し記述統計学ではごく簡単な域にとどまっている。しかし逆に言えば立派なお膳立てがないからこそ、その存在理由も大きく評価されるべきであり逆に数学的には難しい問題を抱えているということもできる。確率論の応用ができないということだけでもそれに代わるべきものは何かという問題がある。データが正規分布をする母集団からのランダムサンプルでなくカテゴリーデータであったら、いかにして数量の概念を導入するかという問題もある。この本の題名にあるデータ解析というのはおおむねこのような問題を抱えた記述統計学的アプローチを指していると解釈してよかろう。統計学のお膳立てがあろうとなかろうと、とにかく手元にあるデータの解析を目指すのがデータ解析の本髄で、今日の社会科学の分野での統計的解析の多くはデータ解析と呼ぶのがふさわしいタイプの問題を扱っている。

3.2　個人差

　卑近な例でいうと学校における個人差の問題がある。推計学的立場から数学のテストにおける個人差を考えると個人差というのはクラスの平均値の周りにランダムに分布するものであるというのが一般的であろう。その仮定が正しいなら平均値に関する推計学的考察が可能になる。しかし記述統計学（ほとんど同義として使われているデータ解析）の立場からは個人差が果たしてランダムに分布するものかという疑問に始まる。そして多くの場合、個人差というのはランダムに分布するものではなく解析の対象そのものとして扱うべき変動であるから平均して個人差を無視するなどもっての外であるということになる。この例から明らかなように記述統計学的観点に立つデータ解析では変数の変動に仮定を設けるのではなく、データを見ながらそこにあるあらゆる変動を解析の対象にしようという意気込みがある。これが記述統計学、データ解析の大きな特徴である。

3.3　データ解析

　記述統計では、データの様々な側面を記述できないような方法はデータ解析法と呼ぶにはふさわしくない。ここにデータ解析とは何かという問いに対する答えとして、「それはデータを解析できる方法である」という意味が明らかになったと思う。くどいようであるがデータ解析の結果からデータを眺めた時、データのあらゆる側面を把握できていないのであればそれはデータ解析法とはいえない。主成分分析法といってデータを様々な成分に分解する方法がある。素晴らしい解析法であるが、これもどのように使われるかでデータ解析法と呼ばないほうがよいというような場合もある。たとえば、主成分分析法が所定のデータに見られる変量間の関係を徹底的に把握していないという場合（その例は後に取り上げる）、主成分分析をデータ解析法と呼ぶにはいささかの抵抗が感ぜられる。たとえば変数間に非線型的関係がある場合、ピアソンの相関を解析する主成分分析はそれらの関係を全く無視してしまう。つまりデータの情報を解析できない。のちほど用いる例題を通じて、この点を十分

明らかにしよう。

4 データ解析の出発点——データの特徴

4.1 測度の分類

社会科学では S. S. Stevens (1951) の測度の分類がよく知られている。測度というのはひとつの事態にある規則にしたがって数値を与えることである。その与え方により様々な測度ができる。Stevens は、4つの測度を提唱した。

① **名義測度** この場合数は標識として用いられているので野球の選手の背番号が 3、16 というように数値という意味は持たず、名義測度の間の足し算、引き算、掛け算、割り算などは無意味である。ここでは1対1の関係があれば同一、さもなければ異なるという判断のみ可能である。

② **順序測度** ここでは1対1の関係の他に順序関係の情報が含まれた数字の使い方をする。たとえば A は B より点数が高く、B は C より点数が高いという時 A, B, C に 3, 2, 1 という数字を与えるのが順序測度である。しかし A が B よりどれだけ高い点数を取ったかという情報は含まれていない。順序測度の場合も足し算、掛け算などの演算は意味を持たない。

③ **間隔測度** 1対1、大小関係の他に間隔測度では単位の概念が含まれている。たとえば気温を摂氏で表すのが間隔測度の一例である。ここでは、20度と23度の差は15度と18度の差と同じであるという単位の等しさが条件となっている。しかし間隔測度の段階では原点が定義されていない。そのため、たとえば今朝は10度、午後は20度という場合、午後の気温は朝の気温の2倍であるというような表現は意味を持たない。20度が10度の2倍暖かいというようなことは馬鹿げていることは明白であろう。摂氏20度は華氏で68度、摂氏10度は華氏で50度であるから、68度は50度の2倍でない。このように比率が意味を持つためには測度の原

データ解析への洞察　19

点が必要である。間隔測度の水準では数の差し引きは意味のある操作であるが掛け算、割り算は意味のある数値を出してくれない。

④　**比率測度**　1対1、順序関係、測度の単位、原点を全て備えたものが比率測度である。例としては距離がある。たとえばA市からB市までの距離は、A市からC市までの距離の半分である、ということは正しい。10キロメートルは5キロメートルの2倍である。距離がゼロということは、距離が無いことである。比率測度に至ってようやく足し算、引き算、掛け算、割り算の全ての演算が可能となる。

　このように考えると演算のできる測度というのはずいぶん限られたものであることがわかる。Stevensの測度の定義を考えることは通常数と言えば演算が可能だと思っている現状を考えると、何か現実離れの空論を見ているような気がするかもしれないがそうではない。上の測度の定義は誰しもがうなずけるものであり注目すべきであろう。

4.2　測度に対する無関心

　それでは我々が実際に数値を用いる方法は果たしてこのような規則に基づくものであろうか。いささか怪しいことはすぐ分かろう。数学のテストで10題問題があるとしよう。教師が採点に当たってこの問題を解いたら何点、あの問題を解いたら何点と決め10問の得点を足して総合点を割り出すが、それらの得点は果たして足し算をしてもよい測度であろうか。異なる10問に対して加法に耐えうる10個の妥当な得点を出すことのできる先生はまず見当たらないであろう。これは大問題である。さらに社会科学ではある問いに対して、強く反対がマイナス2点、やや反対がマイナス1点、どちらでもないが0点、やや賛成が1点、強く賛成が2点、などと「常識的」な判断に基づいて各質問に対する返答の得点を考えそれらを加えてたくさんの質問からなる質問紙の総得点を計算する。このような -2, -1, 0, 1, 2 というような得点が妥当であるか、比率測度と言えるかというと、はなはだ心もとない。はっきりいえることはそのような得点法は一般に妥当性を欠いているか、あるいは実際の情

報収集には全く不適当なものであるということである。それなのに現状は誰しもそのようないい加減な得点を割り出してデータ解析を行い、結論を出している。英語では、"garbage in, garbage out"（ごみを解析すれば、ごみが出てくる）というあざ笑いが一時流行したが、これは現実であり笑いごとではない。いい加減な得点法が横行している今日、上の言葉はまさに現状を記述する耳の痛い言葉である。なぜ $-2, -1, 0, 1, 2$ とか、$1, 2, 3$ とかいう得点法が必ずしも適当ではないのかじっくりと考えてみよう。これが本書の目的のひとつである。その解明を通じて『数量化』ということの存在理由を発見し今後の教訓としたい。

5　データの収集と測度の構成

5.1　データ解析のためのデータ

　今日データ解析でないがしろにされている問題のひとつは、データの収集法である。アンケートでデータ収集という場合、何の工夫もなく皆が使っている方式を採用するのが大部分であろう。たまに市場調査で面白いデータの収集法を使っているのを見かけるが、これはまず例外と言ってよい。データ解析はデータに含まれる情報をできる限り取り出すことを目的にしているのであるから、当然のこととして多くの情報を担ったデータを集めなくてはならない。

5.2　条件つきのデータ

　また解析の観点からは「整った」データが必要である。その逆の例として社会科学でよく見かけるデータに条件つきのデータがある。たとえば「タバコを吸わない人は次の10問を飛ばし、質問30番に移ってください」、「酒を飲めない人は以下の質問には答えないでください」といった類である。このような条件つきの質問があるとデータ全体に大きな穴（空白）が出来て、データ解析の時点でたいへんな無駄をしてしまう。何ゆえに不完全なデータを集めるのか。なぜいけないかということは通常心理学の学生はよく知っている。それは解析上の便宜の問題では

終わらず、解析結果を台無しにするコントロール群の無い実験と同じである。たとえば条件つきの質問によりタバコを吸う人だけからデータを集めたとしよう。喫煙者からだけのデータを解析しても結果が喫煙者だけに当てはまるということにはならない、という盲点に気づかない研究者が時々いるのである。たとえば喫煙者は若くて健康であるという結果が出たとしよう。しかしそうであるからと言って非喫煙者は年寄りで不健康であるということにはならない。このような結論は喫煙者、非喫煙者の両者からデータを集め、その比較からだけ出てくる結論であって喫煙者からのデータだけをいくら解析しても出てくるものではない。同様にアルコール中毒の被験者からデータを集めて解析したところで、アルコール中毒の人格像が出てくるものではない。非喫煙者、あるいはアルコール中毒でない人々との比較において初めて喫煙者の特徴、あるいはアルコール中毒者の人格像が浮き彫りにされるのである。データを双方から集めなくてはならない。

5.3　選択肢の数

　このように条件つきのデータ収集は効率よくデータを集めるかのごとくに見えるが逆に研究の目的からは効率の悪い方法になっている。同じようにデータができるだけ情報豊かなものになるようにという願いがある。これは誰しも心がけるべきことである。しかしこれも一足踏み外すと、とんでもないことになる。その最たるものとしてアンケートにおいて多数の選択肢を提供することである。たとえば、絶対反対、非常に強く反対、強く反対、少し強く反対、軽く反対、どちらかというと反対、中立、そして同じように賛成のカテゴリーを多数使うという野心的な試みである。研究者の意気込みはわかるが被験者が果たしてそれらのカテゴリーを一様に理解してくれるだろうか。簡単な実験をしてみるとすぐわかることであるが被験者の判断は極めてあいまいで、たとえば「非常に強く反対」と「強く反対」の違いは必ずしも定かではない。「この2週間の間に雨降りが10日あった」という文に関し「雨」は「毎日のように」、「しばしば」、「時々」、「たまに」、「まれに」降った、という表現

のいずれが適当かと聞いてみると反応がかなり大幅に広がることがわかる。なぜ、10日も降ったのに「時々」あるいは「たまに」なのかと疑いたいくらいである。しかし実際にそのような選択をする被験者がいるのである。これほど個人差が大きい場合、果たしてたくさんの選択肢を使って妥当な情報がたくさん得られるものか、疑わざるを得ない。

確かに選択肢をたくさん使うと「情報量」は増えるであろうが、そこに含まれる情報は不可解な個人差を含むもので、それが解析にとってはよいことであるか、あるいは一貫性のある情報の把握を困難にするものかは何とも言えない。しかし情報の把握の観点からは大きな問題を投じることが予期される。これはどういうことであるかを説明しよう。

いま多くの研究者が簡便法として使っている方法を取り上げよう。それは順序づけられた選択肢に1, 2, 3, ……と整数を得点として与える俗にライカート法と言われる得点法である。この場合このようにして数量化されたデータは固定された数量を持つデータである連続量として取り扱われる。つまりライカート法により得られたデータは比率測度として取り扱われることになる。あるいはこのようにはっきりとした数値を選択肢に与えず、選択肢間の順序（例：決してない＜まれにしかない＜たまにある＜時々ある＜しばしばある＜常にある）さえ守られればどのような数値を与えてもよいということで、順序測度として扱うことも可能である。あるいはさらに測度の水準を下げて選択肢に与える数値を全く決めずに、任意な値とする名義測度として扱うことも可能である。測度と統計処理の関係、これはいかなるものであろうか。一瞥してみよう。

6 測度と尺度法

6.1 スケーリングとは

計量心理学では尺度法（スケーリング）と言われるデータ変換を目的とする分野がある。データが名義測度で与えられた場合、スケーリングによりそれを名義測度より水準の高い順序測度、さらに高い間隔測度、比率測度に変換しようというものである。同様にデータが順序測度であ

データ解析への洞察　23

ればスケーリングの仕事は、それを間隔測度か比率測度に変換することである。データが間隔測度であればスケーリングの仕事は、それを比率測度に変換することである。比率測度がデータとして得られた場合には、もはやスケーリングの余地は残されていない。

　もう少し具体的にスケーリングの仕事を考えよう。一例として名義測度のスケーリングを見てみよう。有名な名義測度のデータとして知られるFisher（1940）が解析したデータがある。目の色と髪の毛の色の組み合わせを示したデータである。ここで目の色（青＝1、緑＝2、茶＝3、……）と髪の色（金髪＝1、ブルーネット＝2、赤毛＝3、……）はともに名義測度である。データは金髪で青い目の子供が何人、金髪で緑の目の子供が何人、という形で与えられ、2つの名義測度の組み合わせを持った子供の数を示す分割表である。この際、髪の毛の色（金髪、ブルーネット、赤毛、黒髪など）に与える数値は名義測度であり、目の色に与えるものも名義測度である。このデータをよく見ると、たとえば金髪で目が青いという組み合わせが多い、次に多いのがブルーネットで青い目の子供の数、一番少ないのが黒髪で青い目の子供であるとしよう。ここで数が多いということは、その2つのカテゴリーが近いことを示すものと考えよう。すると、青い目との関係から、金髪とブルーネットは、金髪と黒髪より相対的に近い距離にあるといえよう。このような情報から名義測度を順序測度に変換する道が開ける。

　もう少し具体的に考えよう。名義測度のデータからカテゴリー間（例えば、青い目と金髪）の相対的距離は度数に反比例するものとする。その組み合わせがたくさんみられるという2つのカテゴリーの相対的距離は近い、という想定である。いま髪の色のカテゴリーをA（金髪），B（ブルーネット），C（黒髪）とし、目の色のカテゴリーをd（青），e（緑），f（茶）としよう。相対的距離をD（　，　）で示す。そして得られたデータから相対的距離の関係が次のようであったとしよう。

$D(C,d) > D(C,e) > D(A,f) > D(B,d) > D(B,f) > D(A,e) > D(A,d) > D(C,f)$

スケーリングの問題は、この9個の相対的距離の大小関係を満たすよう

に3つの髪のカテゴリー、3つの目の色のカテゴリーに数値（尺度値）を割り出すことができるかということに始まる。カテゴリーを持つ変数（髪の色、目の色）は名義測度であるが、それらの間の関係からでる順序測度をスケーリングに使っている。この問題は必ず解けるものであるが我々が求めるものはある基準を満たすものでなくてはならない。通常、その基準は、小次元空間で上の大小関係を満たすように尺度値を求めよというものである。これはさらに知識を必要とする問題であるのでここでは取り上げない。

6.2　スケーリングの役割

　スケーリングの役割は測度の水準を引き上げるデータの変換法である。したがってスケーリングによって出てきた測度はより多くの数学的操作に耐えうる数量である。これは素晴らしいことであると言えそうだ。しかしデータ解析の観点から言ってそれは果たして望ましい方向なのであろうか。この質問は一見逆説的に聞こえるが測度水準の高揚が必ずしもデータ解析を豊かにすることにはならないという奇妙な問題が存在する。一般には信じられない真実がここにある。

　初めに測度水準が上がると多種の演算が可能になる点に留意した。逆にいうと測度水準が上がるとともにスケーリングの役割は少なくなる。極端な話ではもしデータが比率測度であれば、スケーリングは必要がない。しかしデータ解析の問題はそう簡単なものではない。上に述べた誰しも使うライカート方式の得点法、つまり順序のある選択肢に整数1, 2, 3, ……を与えてそれをデータ解析にかける方法、に関して多くの研究者がライカート方式の得点法の行使により間隔測度か比率測度を作ったと考えている。ほとんどの場合そのような考えは誤りであるにもかかわらず、それを直接検証してくれる方法が身近にないので、それは誤りであると断定するには躊躇が感ぜられる。多くの研究者は、その誤りがどんなものであるかすら知らないし、知ろうともしないが、実際にはそれが取り返しのつかない結果をもたらしてきたといってよい。ライカート方式の得点法は常識的に理解できるし、もっともらしく思えるので広く

使われてきたが、その情報処理上の誤りは深刻で過去にどれほど誤ったデータの解釈を導き出したかは計り知れない。データ解析の観点からこれは緊急に検討を要する問題である。これが本書の主題で、のちほど詳しく検討しよう。

スケーリングの役割は、測度水準が上がるとともに減少すると述べたが、これを逆に見れば測度の水準が上がるとともに我々がデータ解析に注ぐアイデアの応用可能性が減少することでもある。つまりデータの測度水準が上がるとデータ処理の自由度が減少するということである。この観点から筆者はデータ水準をいったん下げてからデータ解析をすることを薦めてきた。それがどのような意味を持つかはのちほど検討しよう。

7　正規分布とデータ解析

7.1　有用な分布

もう少し道草をしよう。統計学の中で常に出てくる言葉に正規分布がある。これは変量の分布の形として最も一般的なもので、どこにでも見られる分布である。対称の形をしており中点は平均値、マイナス無限大からプラス無限大に広がるもので、マイナス無限大から分布密度の曲線をたどると初めは正の加速度を示し、それがやがてゼロの加速度、そして負の加速度に変わり平均値に対応する頂点を超えて、やがて加速度はゼロ、そして正の加速度を示しながらプラス無限大へ向かう。加速度がゼロになる点と平均値の距離が正規分布の標準偏差に相当する（図1）。

正規分布に関しては、たとえば12個（12でなくてもよい）のランダム変量の平均値を何回も繰り返して計算しそれらの分布をコンピューターで生成すると、その繰り返しが増えると限りなく近づく分布が正規分布である。平均値と分散(分散については付録1の分散の説明を参照)を固定した場合、情報理論の観点から最高の情報量を担う分布関数を求めると、それが正規分布である（情報理論は1940年代から1960年代に盛んになった分野で、今日でもビットとかエントロピーという言葉が使われているのは、その名残である）。母集団からの標本の平均値をたく

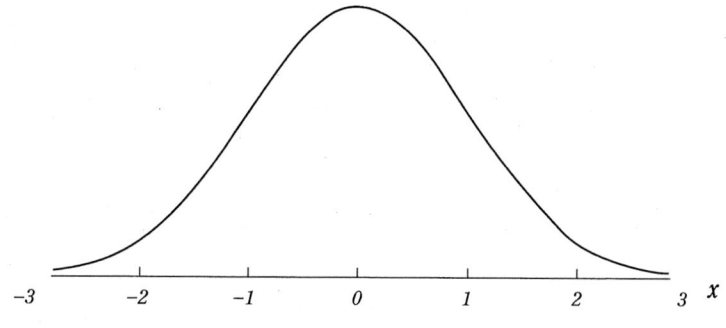

図1　正規分布
注）図は平均0，標準偏差1の標準正規分布である。

さん集めてみると、それが正規分布をなすこともよく知られている。つまり平均値の標本分布は正規分布である。

　2つの変数がともに正規分布をする、つまり2変量正規分布の場合、密度を第3次元にプロットすると、その分布はベルの形をしており、どこでその分布を分割しても切片は正規分布を示すという特徴を持っている。つまり2変量正規分布の条件つき分布は1変量正規分布である。なぜこのややこしい正規分布の話をするかは正規分布が統計学で最も重要な分布であるということのほか、実はそれが、これから検討するデータ解析に重要な意味を持っているからである。

7.2　正規相関は線型相関

　データ解析でしばしば出てくる概念に変数間の相関（correlation）係数がある。相関係数というのは、2つの変数間の線型的関係を示す統計量で、たとえば英語の得点を縦軸に、数学の得点を横軸にして生徒の両得点の位置のグラフを書くと、いわゆるスキャタープロット（散布図）という点の散在するグラフが得られる。それらの点が一直線上にあれば、相関係数は最大値1をとり、点が一直線上から外れると共に相関係数はゼロに向かう。Pearson が 1904 年に書いた相関係数に関する論文では、その名はピアソニアン相関でもなく、積率相関でもなく、「正規相関」

(normal correlation) という言葉を使っている。そこには暗に正規分布が示唆されている。

変数間の相関係数を見ると、2変量正規分布には積率相関の母数 (parameter) が含まれ、それが唯一の相関をとらえる母数である。さらに積率相関というのは2変量間の「線型関係」を記述する係数である。逆に言えば正規分布を仮定した場合、そこでとらえることのできる2変量間の関係は線型に限られるということである。

さらに議論を進めると Pearson の相関係数は線型関係の度合いを示す統計量であり、相関係数が最大値の1の時、変量が大きくなると他の変量も直線的に大きくなるという関係を示す。最小値の-1の場合には一方が大きくなると他方は直線的に小さくなるという関係を示す。相関がゼロに近い場合は2変量の間に線型の関係が希薄であるということである（図3）。これは2変量正規分布が想定された場合の解釈である。

これを若干説明しよう。もし2変量正規分布が想定されない場合に相関係数が低い場合、その解釈が不特定となり解釈ができない。なぜならそこでは変数間の関係の欠如が相関係数を低くする、という解釈が必ずしも当てはまらないからである。つまり低い相関係数が得られ2変量正規分布が想定されない場合には、その理由として線型関係の欠如の他に非線型関係が含まれているかもしれないということになる。つまり正規分布なしでは低い相関の意味が図3で示されるように不定となる。

心理学では半世紀前に相関係数の有意性検定に正規分布の仮定が必要か否かということで議論が沸いた。もちろん正規分布の仮定は必要であるが、もっと重要なことは正規分布なしでは相関の解釈が曖昧になることである。

7.3　ライカート得点と分布

ここにライカート方式の得点法の深刻な落とし穴がある。順序づけられた4個の選択肢に 1, 2, 3, 4 という得点を与えた場合、相関の計算には選択肢間の等間隔性が計算に使われ当初の任意な選択肢の得点が相関係数を決定してしまうことである。選択肢 1, 2, 3, 4 を選んだ被験者の

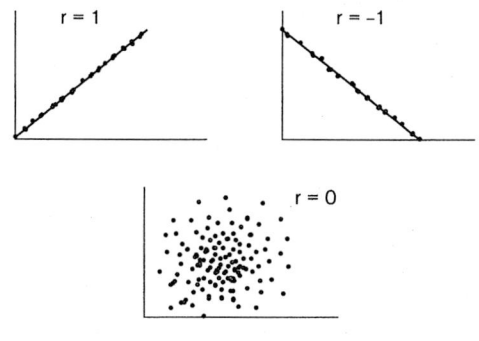

図2　スキャタープロットと相関係数

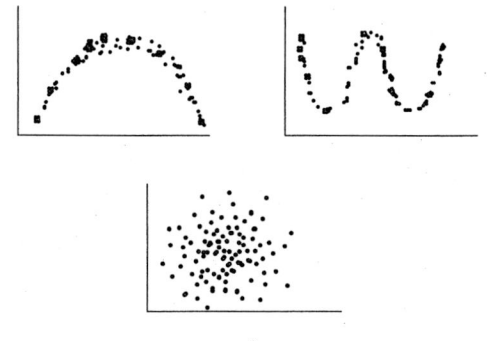

図3　低い相関のスキャタープロット

数が、たとえば、それぞれ10, 50, 35, 5人であったとしよう。もし正規分布の対称性が必要なら1, 2, 3, 4の間隔よりは、図4に見られるようにカテゴリーの度数を正規分布の下で解釈しカテゴリーの代表値に近い0.5, 1.8, 3.2, 4.6というような得点を使った方が対称性により相関が高くなるであろう。このように何気なく与えた1, 2, 3, 4というような選択肢の重みが直接相関係数の値を左右しているのである。選択肢の反応数に対称性がない時には相関係数は小さくなる傾向がある。さらにもっと深刻な問題は選択肢の重み（得点）を等間隔にすることにより我々の視

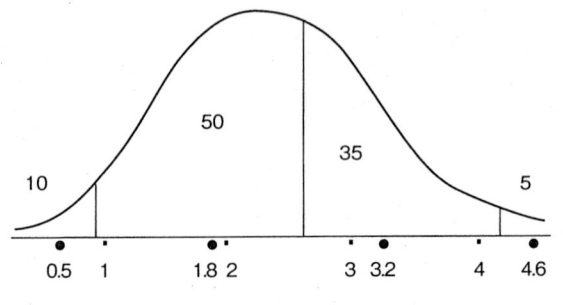

図4 正規分布に当てはめた場合

点を完全に直線（線型）関係だけを見るように仕向けていることである。

この線型関係だけを見るように仕向けるということは、ライカート方式の得点法のみならず2変量正規分布を仮定した段階でも自動的に導入されてしまうという通常は我々の関心を集めない落とし穴がある。正規分布を仮定すると、もはやその分布には非線型の関係が入る余地がなくなるから、その仮定は正にデータを線型というフィルターに掛けて線型関係だけを保持する梳き櫛であると言ってよかろう。これをさらに広い立場から眺めると、データの測度が最高水準の比率測度になると数値の変換に自由度が少なく、結局データの解析はおおむね線型解析になるということにも通ずる。逆説のように聞こえるが数の精度が高くなるとともにそれを用いるデータ解析にも自由度が失われ、解析が自ずと線型に向かう。そしてスケーリングの活躍にも限度が見えてくる。逆に測度水準が低いほどスケーリングの真価が発揮され、これがデータ解析に重要な意味を持ってくる。この様子を詳しく追っていこう。

8　変数間の非線型関係と多次元空間

8.1　どこにでも見られる非線型の関係

まだ本題に入らないが、もう少し辛抱してほしい。平均値をゼロとする変数XとYを考えよう。たとえば、Xが国語の得点、Yが数学の得点である。もしXとYに完全な線型関係があるとすれば、Y = aX、た

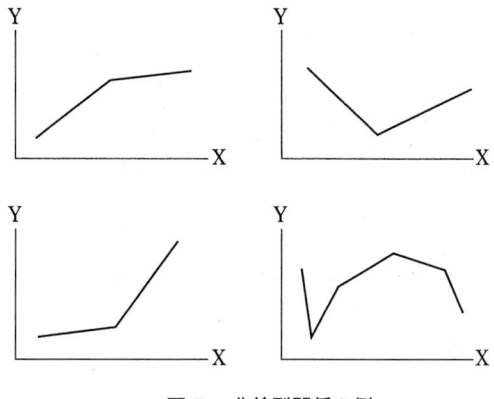

図5　非線型関係の例

だしaはゼロをとらないという形で両者の関係を書くことができる。この際XとYをグラフに示すと直線が得られる。非線型の関係はこの直線関係から外れた全ての関係をいう。非線型関係の数例を示したものが図5である。このように考えると2個の変数間の関係というものは、線型の関係より非線型の関係のほうが圧倒的に多いと言っても間違いない。それにもかかわらずほとんどの統計解析で線型解析を前提とするかの如くに振舞う正規分布の仮定がその出発点に立ちはだかっている。なぜであろうか。

連続量のデータとして比率測度を考えると、それらから計算される平均値といった統計量の標本分布（母集団から何回も観測値を取り出しその都度平均値を計算した場合のたくさんの平均値の分布）は正規分布をするという理論があるし、正規分布に従わない変数でも変換により正規分布を作り出すことが可能である。正規分布が仮定できれば発展した強力な統計学の理論を当てはめることができ、結果の一般化、確率的記述が可能になる。仮説検定が可能になる。正に願ったりかなったりの解析が可能になるということである。これが正規分布に頼る大きな理由であろう。

しかしこれまでも述べたように、そのような推計学的枠組みが当てはまらない事情が現場のデータ解析には山ほどあるのである。したがって

無理やりその枠組みを使うことは理論的な枠組みをバックボーンとする推計学を嘲笑するに等しいことで、やってはいけないことである。

8.2　多次元への飛躍

そのような従来の枠組みから離れ、いったん非線型関係に目を向けると、その複雑な関係はもはや2次元の空間でとらえられるものではなく、多次元の世界に目を向けなくてはならないことに気がつく。同じ2個の変数の関係にも様々な非線型関係、線型関係が含まれることがしばしばあるからである。この点を考慮するとデータ解析といわれるものの一般的枠組みは、非線型多次元解析といっても過言ではあるまい。

しかしその領域に進むには初歩的ながら若干の準備が必要となる。すなわち多次元空間における分散の概念、データを各次元に射影するという考えである。これらは通常変数の一次結合（linear combination）、あるいは合成得点（composite scores）という観点から検討される。もしデータ解析の分野で何が一番の骨子となるかということになると、筆者の選択は「変数の一次結合」である。合成得点とか一次結合とかいうと何か専門的な響きがあって難題のように聞こえるが、我々が普段どこでも使っている算数の得点とか国語の得点とか性格テストの点など、みな合成得点の例である。とするとこの問題は意外にも容易に理解できそうな気がする。実際それは難題ではない。恐れずにその話題に焦点を当ててみよう。

9　変数の線型結合

9.1　グラフによる変数の関係

簡単な例として国語Xと数学Yの得点が11人の学生から得られたとしよう（表1）。これをグラフで表現する時、一般に使われている方法は、実に奇妙な方法であるとしか言えないが、日本だけではなく多くの国で採用されてきたもので、XとYをあたかも直交しているかのごとくに取り扱い、X軸、Y軸を直交軸として描くことである。ここではそれが

奇妙であるか否かは別として、その伝統的なグラフを使って学生の位置を示すいわゆるスキャタープロット（散布図：図6）を採用しよう。

表1　国語と数学の得点

学生	X	Y
1	12	6
2	8	5
3	3	3
4	7	6
5	2	1
6	9	4
7	8	4
8	6	3
9	10	5
10	4	2
11	7	2

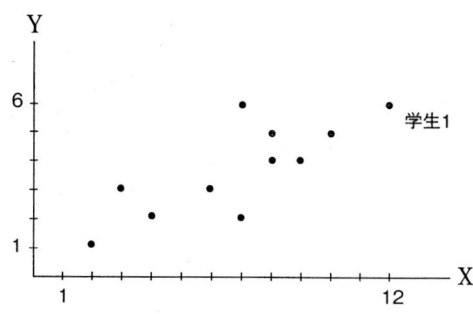

図6　国語と数学の得点のスキャタープロット

学生1の座標は (12, 6)、つまりX軸の位置が12、Y軸の6、座標はその交差点である。したがって点の数は学生の数だけある。この図をみると得点Xが大きければ得点Yも大きく、Xが小さければそれに対応するYも小さな得点になっている。つまりXとYには高い線型相関がある。それでは各学生の得点として、XとYの2得点を示すよりXとYをなんらかの方法で結合し、いわゆる合成得点1個で示すほうが便利

データ解析への洞察　33

ではないだろうか。ただし2個の得点を1個の合成得点で示す場合の情報の損失を最小にしなくてはならない。そのような合成得点はどのようにして作ればよいか？

9.2　合成得点と基礎的数学

　一般に使われている合成得点は総和をもって合成得点としている。しかしこの例題のように得点が正の値だけとるようなテストでは質問の数が増えると総点（総合得点）も大きくなるのでこれは避けたい。これが測度の単位を選ぶ問題である。次に我々の最大の関心は、もしXとYの合成得点を作るのであれば、合成得点（Zとする）にXとYの情報ができるだけたくさん含まれるように合成することである。たとえば学生1のXとYの得点が学生2のXとYの得点より高ければ学生1の合成得点も学生2の合成得点より高くあるべきである。

　ここで2変数の線型結合に関する知識をまとめておこう。線型結合、合成得点Zは通常次の形で示される。この先多数の変数を導入する可能性を考えて、ここで記号法を変え、X, Y を X_1, X_2 と表現し合成得点をYで示す。

$$Y = w_1 X_1 + w_2 X_2$$

w_1 と w_2 は「重み」とよばれる。最も広く使われている総点を合成得点とするのは、w_1 と w_2 を共に1と設定したものである。しかしそれでは合成得点の単位が設定できない。これから考える線型結合ではこの重みに次の制限を加える。

$$w_1^2 + w_2^2 = 1$$

この重みの二乗和が1という条件は非常に重要な意味を持つ。これを理解すれば多変量解析への理解が大きく飛躍する。すなわち、

(1) Yの単位を X_1 と X_2 の単位に等しくする。
(2) 各学生の合成得点Yを学生の座標（X_1, X_2）の斜影点として定義する。

何か雲をつかむような2つの点がなぜ重要なのか、これから詳しく説明しよう。

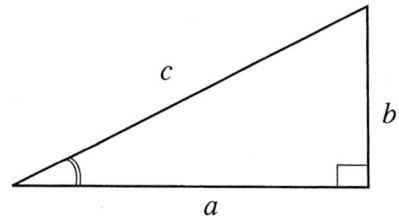

図 7　三角関数の基本

　さらに進む前に図 7 で三角関数をおさらいしておこう。底辺の長さが a、それに直角で上がる辺の長さが b、したがって斜辺 c はピタゴラスの定理により、$c = \sqrt{a^2+b^2}$ で与えられる。このような三角形が与えられた時、余弦と正弦は次のように定義される。

$$cos\theta = \frac{a}{\sqrt{a^2+b^2}} = \frac{a}{c},\ sin\theta = \frac{b}{\sqrt{a^2+b^2}} = \frac{b}{c}$$

これからたとえば角度 θ と斜辺が与えられた場合、それから他の二辺を求めるには次式を使えばよい。

$$a = \sqrt{a^2+b^2}\ cos\theta = c\ cos\theta,\ b = \sqrt{a^2+b^2}\ sin\theta = c\ sin\theta$$

これらの関係を合成得点の割り出しに使って見よう。

　今 X_1 と X_2 を直交軸と考えある学生 i の位置を $A^*:(X_{1i}, X_{2i})$ としよう（図8）。このグラフの原点と点 (a, b) を通る直線（軸）を合成得点の軸 Y とする。学生 i の合成得点 Y_i は学生の座標 $A^*:(X_{1i}, X_{2i})$ を軸 Y に射影した点、すなわち $\overline{OA}$（原点から点 A までの距離）として定義する。そして上で考えた三角形というのは合成軸上の任意に選んだ点 (a, b)、原点、そして点 (a, b) を垂直におろした点 C^* となる。これにより上の三角形の底辺 a、それに直交する b、斜辺 $c = \sqrt{a^2+b^2}$ が決まり、正弦、余弦が定義される。さらに、$\overline{A^*B^*}$ と $\overline{B^*C}$ が直交（角度が 90 度）するように B^* を決めると、$\overline{A^*C}$ と $\overline{B^*C}$ の角度は θ に等しいということは、数学で習ったはずである。

　以上を用いて原点と斜影点の長さ、つまり合成得点を計算しよう。こ

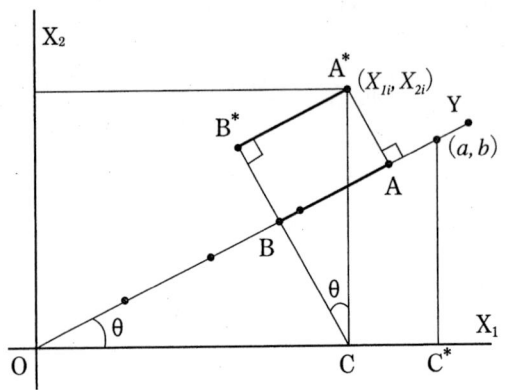

図8　射影と合成得点

れは難しい課題のように見えるが実際にはごく簡単な操作で行えるので、次の数式を一歩ずつたどって見てほしい。学生 i の座標 (X_{1i}, X_{2i})（図8では、点 A^*）の軸 Y への射影点、つまり学生 i の合成得点は、

$$Y_i = \overline{OA} = \overline{OB} + \overline{BA} = \overline{OB} + \overline{B^*A^*} = \overline{OC}\cos\theta + \overline{A^*C}\sin\theta$$

$$= X_{1i}\cos\theta + X_{2i}\sin\theta = X_{1i}\left(\frac{a}{\sqrt{a^2+b^2}}\right) + X_{2i}\left(\frac{b}{\sqrt{a^2+b^2}}\right)$$

$$= \frac{a}{c}X_{1i} + \frac{b}{c}X_{2i} = w_1 X_{1i} + w_2 X_{2i}$$

$\cos\theta$ と $\sin\theta$ を導入したところは明確であろうか。図8では $\overline{OC}$ が X_{1i}、$\overline{A^*C}$ が X_{2i} である。これと三角関数の知識を使うと上の式が得られる。そして明らかに $w_1^2 + w_2^2 = 1$ が満たされている。

以上をまとめると合成得点の軸 Y を原点と任意な点 (a, b) を通るものと定義する。データ (X_{1i}, X_{2i}) の合成得点はその座標の軸 Y への斜影点として定義され、上の式で簡単に計算できる。

9.3　合成得点の数値例

点 (a, b) は全く任意に決めてよいのであるから、我々はどのような合成得点でも自由自在に作ることができる。図9, 10, 11 は図6のデータを3個の合成軸に射影したもので、Y_1 は原点と点 $(2, 1)$ を通

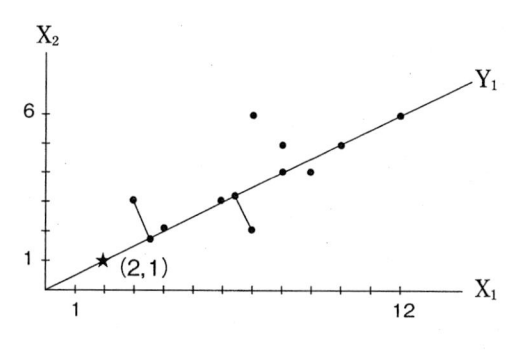

図9　合成得点 Y_1

る軸で（図9）、この軸にデータの点を射影して合成得点を決める式は $c = \sqrt{2^2 + 1^2} = \sqrt{5}$ であるので

$$Y_1 = \frac{2}{\sqrt{5}} X_1 + \frac{1}{\sqrt{5}} X_2$$

で与えられる。
Y_2 は原点と点 (3, -5) を通る軸なので（図10）、

$$c = \sqrt{3^2 + (-5)^2} = \sqrt{34}$$

となる。Y_3 は原点と点 (1, 3) を通る軸なので（図11）、$c = \sqrt{1^2 + 3^2} = \sqrt{10}$ となる。これらの軸にデータを射影する合成得点の式は、それぞれ次のとおりである。

$$Y_2 = \frac{3}{\sqrt{34}} X_1 - \frac{5}{\sqrt{34}} X_2$$

$$Y_3 = \frac{1}{\sqrt{10}} X_1 + \frac{3}{\sqrt{10}} X_2$$

これらに対応するグラフは図10, 11 である。表2は表1の得点をこれらの式によって3つの軸に射影した点（図9, 10, 11）、つまり合成得点である。

　このように合成得点は自由自在に作れるし、作り方により様々な特徴を持った合成得点を作ることができる。たとえば合成得点ともとの2つの得点の差が最小になるような得点、2つのグループ差を最大にするような合成得点などである。我々が注目すべきことは、第一にデータを射

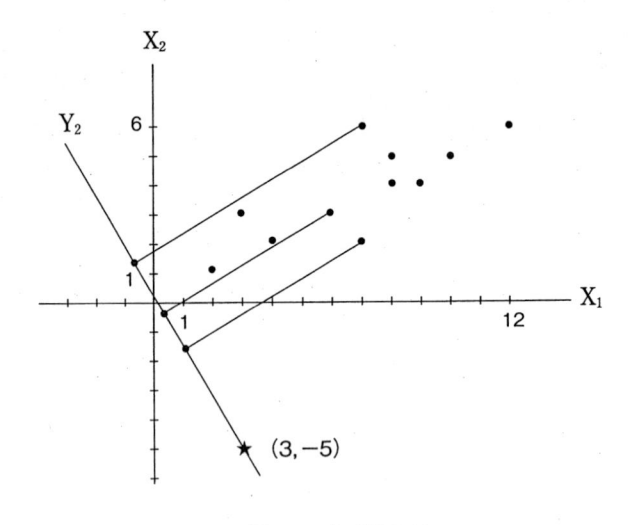

図10　合成得点 Y_2

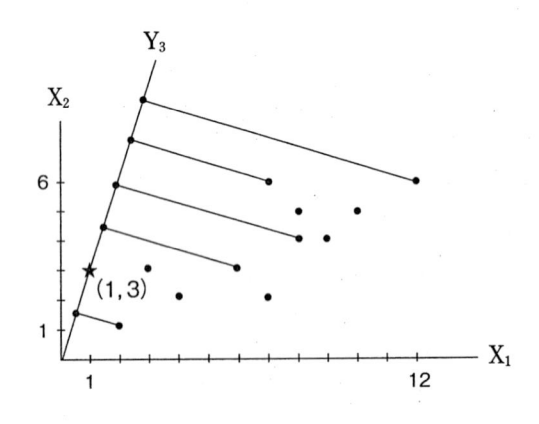

図11　合成得点 Y_3

影して合成得点を定義しているのであるから合成得点も同じ空間にとどまり、X_1, X_2 と同じ単位を持つ数量であること、第二に合成得点の作り方により分散が変化することである。

表2　3つの合成得点と分散

学生	Y_1	Y_2	Y_3
1	13.4	1.0	9.5
2	9.4	-.2	7.3
3	4.0	-1.0	3.8
4	8.9	-1.5	7.9
5	2.2	.2	1.6
6	9.8	1.2	6.6
7	8.9	.7	6.3
8	6.7	.5	4.7
9	11.2	.9	-7.9
10	4.5	.3	3.2
11	7.2	1.9	4.1
分散	11.01	.96	5.81

　上述の変数の線型結合の問題は、合成得点とその分散に関する話題を筆頭に、主軸、固有値、相関係数、主成分分析など数多くの重要な話題に関連してくる。これらの話題について興味を持たれる人のために、二次関数などの数学的な観点も含め、付録1・2に載せた。是非参考にしてほしい。

10　ライカート方式、SD方式の弊害

10.1　等間隔の得点法

　ようやく本題の検討にたどりついた。これまで見てきた話題は全てこれからの話に関係があるので、無駄な時間を費やしてきたわけではない。任意な得点法にかかわる問題が本題である。「決してない」、「あまりない」、「たまにある」、「しばしばある」、「常にある」という選択肢にそれぞれ 1, 2, 3, 4, 5 を与えるとしよう。このような得点法をライカート方式の得点法という。これに対してSD法（Semantic Differential 法）の得点法というのは両極からなるカテゴリー判断の尺度で、たとえばこの絵画は「非常に暗い、暗い、中間、明るい、非常に明るい」感じを与えるというように、各被験者が一番適したと思われるカテゴリーを選ぶ。この際も -2, -1, 0, 1, 2 というような得点を各カテゴリーに与えてデータ処理をする。いずれにしても等間隔の数値を与えて測度はあたかも比

率測度であるかのごとくに解析するというのが特徴である。問題はこの「等間隔」に固定してしまうというところにある。なぜ等間隔が用いられるのであろうか。何の根拠もないが「常識的」な処理法であるために多くの研究者に用いられてきたのであろう。さらにその理由として一世を風靡したサーストン流の一次元尺度法の伝統（Thurstone, 1927; Bock and Jones, 1968）が今でも年配の研究者の心に残っているのではないかと思われる。サーストンの一次元尺度法について簡単に説明しよう。たとえば「りんご、なし、ぶどう、いちご、柿」の好みのスケールを作るとしよう。この時、「りんごと柿のどちらが好きか」というような一対比較の質問でデータを集め、個人差は集団の果物に対する好みの周りにランダムに散らばるものと考え、果物を一直線上に位置づけ、それを果物に対する好みの尺度とするものがサーストンの一次元尺度法である。しかしサーストン流の一次元尺度法を全く知らない今日の若い研究者もライカート方式の得点法を使っているというのはなぜか。

今日社会科学では、どの分野でもと言ってよいほどライカート方式の得点法が普及しており、右へ習え式で誰しもそれを使っているというのが現状であろう。臨床心理学などで、不安などを測定する一次元尺度の構成を目的にする場合は、ライカート方式も簡便法として用いることは納得できる。しかしデータ解析法がかなりの発展を遂げ探索的データ解析が普及した今日、我々がまず自覚すべきことは、このような得点方式は常に妥当なものではなく、むしろ広くにわたる弊害をもたらしていることである。

10.2　等間隔得点への疑問

1, 2, 3 という得点の代わりに 1.2, 2.5, 2.9 を得点として使ったら、その変数と他の変数の相関が上がったというような場合、それでも 1, 2, 3 を使おうというのが一般に見られる状況である。しかし相関が高くなるということは変数間の情報をさらにたくさん把握するということであるから、当然そのような得点法を用いるべきである。もっと極端に 1, 2, 3 の代わりに、1.5, 0.3, 1.8 を得点とするとそれと他の変数との相関が大幅に上がったということもあるかもしれない。1.5, 0.3, 1.8 をそれぞれ「めっ

たにない」、「たまにある」、「しばしばある」という順序のついたカテゴリーに与えるのは順位関係が乱れている。意外な得点ではあるがそれでも他の変数との相関が高くなったということは、特殊な変数関係を持った項目だということであり、それなりに情報豊かな変数だと言わなくてはならない。そうであるならば、この際やはりこのような「おかしな」得点を使うべきである。

10.3 データから離れた得点法

このように考えるとデータの分布も考えないでデータを見る前に等間隔の得点を決めてしまうライカート方式、SD方式の得点法には大きな問題がある。それらはデータの情報から離れた主観が牛耳るデータの処理法であり、多くの場合データにそぐわない得点法であるといっても過言ではなかろう。結果としてはデータからの情報抽出に役立っていないということである。これだけ述べると例題を見なくても、すでにその弊害を予期することは難しくない。

10.4 焦点が線型関係におかれている

一番の弊害として挙げたいことはライカート方式、SD方式では解析が通常線型関係の抽出に終わり、非線型の関係を把握できないこと、さらに等間隔という拘束条件により多くの場合、線型の関係すらあまりよく把握できないということである。今日常套手段として使われている等間隔得点法の欠点を、ここで数値例を挙げて納得いくまで検討してみよう。

11 例題による実証

11.1 血圧と偏頭痛の関係

ライカート方式、SD方式への批判はなかなか納得してもらえないので小さな数値例を使おう。この数値例はこれまでも他の論文、本で用いられたものなので、ご存知の読者もおられるはずである。次の6個の質問(表3)にはそれぞれ3個の順序づけられた選択肢があり、被験者は各質問に

対して最も適当と思われる選択肢を選ぶ。15人から得られたデータは表4のとおりであるが、これは筆者が任意に作成した人工データであることを断っておきたい。この表には各被験者が各質問に対して選んだ選択肢番号が記されている。今、各質問に対し第1の選択肢を選んだら1点、第2は2点、第3は3点とするライカート方式を使うと表4そのものがデータ表となる。多くの場合この表をデータ解析の対象にしている。

表3　6個の多肢選択の質問

質問1	血圧は？　（1＝低、2＝中（適度）、3＝高）
質問2	偏頭痛は？　（1＝まれ、2＝たまに、3＝しばしば）
質問3	年齢は？　（1＝20-34、2＝35-49、3＝50-65）
質問4	普段の不安度は？　（1＝低、2＝中、3＝高）
質問5	体重は？　（1＝軽、2＝中、3＝重）
質問6	身長は？　（1＝低、2＝中、3＝高）

表4　15人から得られたライカート得点によるデータ

被験者	1	2	3	4	5	6
1	1	3	3	3	1	1
2	1	3	1	3	2	3
3	3	3	3	3	1	3
4	3	3	3	3	1	1
5	2	1	2	2	3	2
6	2	1	2	3	3	1
7	2	2	2	1	1	3
8	1	3	1	3	1	1
9	2	2	2	1	1	2
10	1	3	2	2	1	3
11	2	1	1	3	2	2
12	2	2	3	3	2	2
13	3	3	3	3	3	1
14	1	3	1	2	1	1
15	3	3	3	3	1	2

　このデータを使って様々な統計量を計算できるが、ここでは相関係数を計算してみよう。ピアソンの相関は変数間の線型関係を示す統計量で

ある。つまり変数1の数量が増えるとともに（たとえば、高得点になるとともに）それに対応する変数2の値も増えるというのであれば相関係数が高い。ピアソンの相関はこのような直線的傾向を示す統計量であることに留意しておこう。いま変数（質問項目）j と k に対する被験者 i の得点をそれぞれ X_{ji}, X_{ki} で示すと、ピアソンの相関係数 r_{jk} は次の式で与えられる。

$$r_{jk} = \frac{\sum_{i=1}^{N}(X_{ji}-m_j)(X_{ki}-m_k)}{\sqrt{(N-1)s_j s_k}} = \frac{N\sum X_{ji}X_{ki} - \sum X_{ji}\sum X_{ki}}{\sqrt{N\sum X_{ji}^2 - (\sum X_{ji})^2}\sqrt{N\sum X_{ki}^2 - (\sum X_{ki})^2}}$$

ただし、

$$s_j = \sqrt{\frac{\sum_{i=1}^{N}(X_{ji}-m_j)^2}{N-1}}, \quad \sqrt{\frac{\sum_{i=1}^{N}(X_{ki}-m_k)^2}{N-1}}, \quad m_i = \frac{\sum_{i=1}^{N}X_{ji}}{N}, \quad m_k = \frac{\sum_{i=1}^{N}X_{ki}}{N}$$

そして N は被験者数。相関係数の取る範囲は -1 から 1 までである。この式から計算された6項目間の相関行列は表5のとおりである。

表5　6項目間の相関

	血圧	偏頭痛	年齢	不安度	体重	身長
血圧	1.00					
偏頭痛	-.06	1.00				
年齢	.66	.23	1.00			
不安度	.18	.21	.22	1.00		
体重	.17	-.58	-.02	.26	1.00	
身長	-.21	.10	-.30	-.23	-.31	1.00

このような相関行列が計算されると通常は何の疑問もなく、これをたとえば因子分析に掛けて「データの構造」を解明しようとする。しかしここではまずこの相関行列が果たしてデータの構造を記述するのにふさわしいものであるか否かを吟味しよう。もしこれがデータの構造をあまりよく記述してないのであれば、それをどのように分解してもデータを理解できないので、データ解析とは言えない。これは深刻な問題である。

血圧と年齢の相関が0.66と高いことはうなずける。これは全ての項

目の選択肢数がわずか3であるので3×3の分割表(度数表)を作ると、その関係を直接見ることができる(表6)。

表6 血圧と年齢の分割表

		年齢 20-34	35-49	50-65
血圧	高	0	0	4
	中(適度)	1	4	1
	低	3	1	1

この表を見ると明らかに年齢が増えると血圧が高くなるという傾向が読み取れる。しかし血圧が低くて年齢が50-65の人が1人いるように、その線型的関係は完全とは言えない。その不完全さが相関1を0.66に押し下げている。ところで相関を下げているのは、このように予期されない観測値があるからだけであろうか。血圧の3段階に1, 2, 3、年齢の3群に1, 2, 3と与えたことも影響しているのではないであろうか。これを調べるには簡単な方法がある。

11.2 ライカート法の応用可能性を調べる簡便法

年齢群20-34, 35-49, 50-65のそれぞれに1, 2, 3と与え、血圧群の平均値を求める。

高血圧：$\dfrac{4 \times 3}{4} = 3$, 適度な血圧：$\dfrac{1 \times 1 + 4 \times 2 + 1 \times 3}{6} = 2$,

低血圧：$\dfrac{3 \times 1 + 1 \times 2 + 1 \times 3}{5} = 1.6$

同様に血圧群に1, 2, 3を与え、年齢群の平均値を求める。

年齢20-34：$\dfrac{3 \times 1 + 1 \times 2}{4} = 1.25$, 35-49：$\dfrac{1 \times 1 + 4 \times 2}{5} = 1.8$

50-65：$\dfrac{1 \times 1 + 1 \times 2 + 4 \times 3}{6} = 2.5$

これらの平均値を縦軸に、ライカート方式による得点1, 2, 3を横軸にプ

ロットした場合2個の平均値のセットが直線を示せばライカート方式の得点は適当であると判断してよい。もし直線から外れる場合、得点法を変えれば相関がもっと高くなるという可能性を示している。上の結果をグラフに示したものが図12である。選択肢の数が3なのであまりよくは見えないが、2本の線が直線からわずか外れていることがわかる。これを完全な直線にするにはライカート得点の間隔を調整しなくてはならない。というのは1,2,3の間隔をそのプロットが直線になるように調整すれば相関係数は上がるからである。

　さて上記のケースは相関が最高の値を示したもので、グラフからこの場合はライカート方式でもそれほど情報の損失はないというケースである。今度は相関がゼロに近い血圧と偏頭痛を取り上げて見よう。相関の値は-0.06である。上例と同じように分割表（表7）を作りライカート方式の得点による各選択肢の平均値を計算しよう。

図12　ライカート方式による平均値

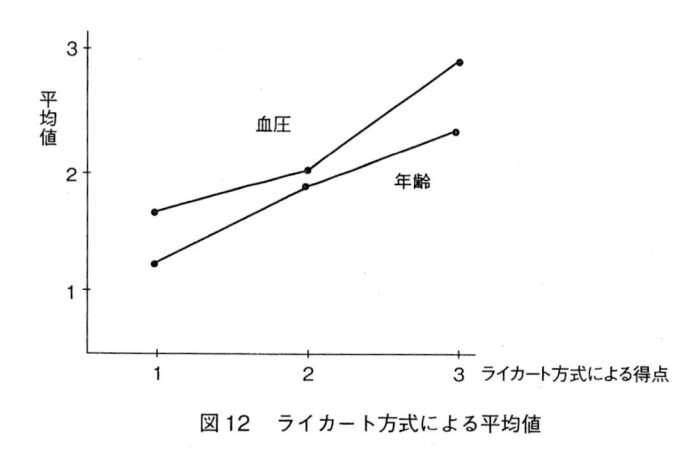

表7　血圧と偏頭痛の分割表

		偏頭痛 まれ	たまに	しばしば
	高	0	0	4
血圧	中（適度）	3	3	0
	低	0	0	5

高血圧：$\dfrac{0 \times 1 + 0 \times 3 + 4 \times 3}{4} = 3$

適度な血圧：$\dfrac{3 \times 1 + 3 \times 2 + 0 \times 3}{6} = 1.5$

低血圧：$\dfrac{0 \times 1 + 0 \times 2 + 5 \times 3}{5} = 3$

偏頭痛まれ：2, たまに偏頭痛：2, しばしば偏頭痛：$\dfrac{4 \times 3 + 0 \times 2 + 5 \times 1}{9} = 1.89$

これをグラフに示したものが図13である。
これからわかるようにどちらの線も上昇直線からはかけ離れているのでライカート方式の得点法ではデータの情報を何も汲み取れない、と結論しなくてはならない。ライカート方式の得点法は線型関係を想定しているのに対し、データは全くそっぽを向いているのである。ライカートが活躍した1930年代というとサーストンの一次元尺度法が出始めたころで、線型解析が研究の主導権を握っていた。ライカートの研究意図は十分理解できる。しかし現在の知識を持って見ると彼の方法を強行的に応用するには無理があると言わなければならない。ではなぜ今でもそれに固執しているのか？　使いやすいからというのは理由にはならないと言えばもっともらしく聞こえるが、やはり使いやすいというのが一番の理

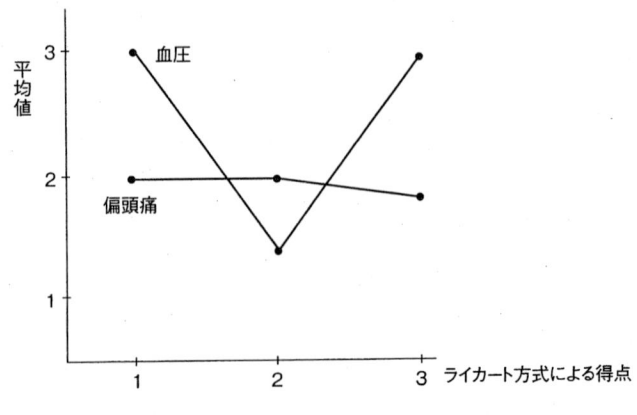

図13　ライカート方式による平均値

由であろう。

　血圧と偏頭痛の関係はグラフや相関から見るよりは、上の分割表を見れば明らかである。つまり「しばしば偏頭痛に」襲われるというのは血圧が「低い」時、「高い」時であり、血圧が適度な時は偏頭痛はあまり感じられないということを語っている。この関係は線型（一方が増えると他方も増える）ではなく、「非線型」である。先にピアソンの相関は線型関係のみをとらえると述べた。またピアソンの相関はピアソンが紹介した1904年の論文では正規相関（normal correlation）と呼ばれていた。正規分布の下にとらえられる相関は線型相関だけで非線型の関係は完全に無視される。したがってピアソンの相関を非線型の関係を示す血圧と偏頭痛の関係の測度にすることは不適当である。さらに先に両変数が正規分布していない場合にはピアソンの相関が低いということは、どのような関係に基づいているのかが全くわからないということを指摘した。この時両変数の座標がランダムに分布しているのか、あるいは非線型の関係が含まれているのか、後者の場合、どのような非線型関係が含まれているのかということなどピアソンの相関係数をいくら吟味してもわからない。

　さらに先に述べたように変数間の関係には非線型の関係が線型の関係より圧倒的に多いものと考えられる。このように見ていくとライカート方式、あるいはSD方式に基づく数量からピアソンの相関係数を計算するには、二つの点に注意しなくてはならない。第一は等間隔の得点を選択肢に与えることが適当であるかのチェック、第二は変数間の関係が線型であるかのチェックである。これらの点はどのように調べればよいのであろうか？　それには簡単な方法があるのでそれを見ておこう。

12 等間隔得点から非等間隔得点へ、そして線型から非線型への道

12.1 順序づけられたカテゴリーは等間隔とは限らない

　ライカート が1932年に論文を書いたのを契機に多肢選択項目の得点法に注目が集まった。現在ライカート法として広く用いられている方法はその産物で、特に順位のある反応選択肢に整数を与えることを指すようになった。その当初ライカート式得点法を使うと、データの信頼性が上がるというような論文も出た。しかしそのような結論が出るための論理的な背景はライカートの方法には見当たらない。一般にはこれらの得点が適切なものであるか否かは全くと言ってよいほど検討することはなく、頭から妥当な得点だとしてデータ解析に使われてきたのが現状である。はっきり言ってライカート得点が適切であることを期待するのは無理なことで、使う前に必ずその適切性を調べるべきである。

　そのチェックに簡単な方法があることはすでに述べた。つまり2項目の「選択肢」×「選択肢」の行にライカート方式で点を与え、それを用いて列の平均値を計算、次にライカート方式で列に点を与え、それを用いて行の平均値を計算、これらの平均値を縦軸に、横軸にはそれに対応するライカート方式の得点を用いて描かれるグラフで2個の直線が得られれば、ライカート得点方式は適切であるという判断である。

12.2 線型回帰への確かな道

　通常2個の直線が得られることはまずなく、一応単調増加の曲線が得られればまずまずということで、その際にはライカートの得点方式を使ってもよいということになる。まだ紹介していない方法であるが、ライカート方式による得点の代わりに「双対尺度法」で得られた行の重み、列の重みを得点として、行、列の平均を計算し、今のように双対尺度法の得点を横軸に、平均値を縦軸にとると2本の線は常に合致し、1本の直線となる。このような重みは「最適」であるという。なぜ最適かということになると多くの関連した話題に言及しなくてはならないので、ここ

ではその時ピアソンの相関が最大になるということだけを述べておこう。

ではどうすればそのような最適の重みを見出すことができるのであろうか。それは極めて簡単な操作を施せばよい。ライカート方式の得点を使って行、列の平均値を計算した場合、プロットしてみると直線ではないのが普通である。しかしここであきらめず、今度はその平均値を行、列の得点として、新たに行、列の平均を求める。前の平均値を横軸に新しい平均値を縦軸にとってプロットしてみると2本の線は前回に比べて直線に近づいていることがわかる。今度はこの新しい平均値を得点として新たな行、列の平均値を求める。この過程は数学的に常に収束し、最終的には直線となる過程であることが証明されている（Nishisato, 1980）。

12.3　交互平均法

歴史の紐を解くと、このような考えに基づき、行、列への重みの調整をしようという試みは1920年代に生態学の分野で試みられ普及した。心理学関係では、同じ原理に基づく方法を1933年にRichardsonとKuderが多肢選択データの選択肢の重みを決めるのに使い、それを1935年にHorstが「交互平均法」（Method of reciprocal averages）と命名した。統計学では有名なFisherが1940年に交互平均法でカテゴリーデータの判別問題は解けると言っている。ここではNishisato and Nishisato（1994）から例を借りて交互平均法を詳しく説明しよう。

表8のデータは3人の教師が3つの評定カテゴリーで評価されたものである。問題は教師A, B, Cの得点、評定カテゴリー「良い」、「平均的」、「劣る」の最適の重みをどのようにして決めるかということである。

表8　教師と評定カテゴリーの分割表

		評定カテゴリー			
		良い	平均的	劣る	合計
教師	A	1	3	6	10
	B	3	5	2	10
	C	6	3	0	9
	合計	10	11	8	29

［ステップ 1］
　評定カテゴリーに「適当な」値を与える。例として良いに 1、平均的に 0、劣るに −1 を与える。

［ステップ 2］
　それを使って教師の平均得点を求める。これを Y(a)、Y(b)、Y(c) とすると
　　Y(a) = [1 × 1 + 3 × 0 + 6 × (−1)]/10 = −0.5000
　　Y(b) = [3 × 1 + 5 × 0 + 2 × (−1)]/10 = 0.1000
　　Y(c) = [6 × 1 + 3 × 0 + 0 × (−1)]/9 = 0.6667

［ステップ 3］
　これらの得点の平均値 M を求める。
　　M = [10 × (−0.5000) + 10 × 0.1000 + 9 × 0.6667]/29 = 0.0690

［ステップ 4］
　M を Y から引き、その値をまた Y とする。
　　Y(a) = −0.5000 − 0.0690 = −0.5690
　　Y(b) = 0.1000 − 0.0690 = 0.03100
　　Y(c) = 0.6667 − 0.0690 = 0.5977

［ステップ 5］
　これらをその中で一番大きな絶対値（g(y) で示す）で割り、それをまた Y で示す。g(y) = 0.5977 であるので
　　Y(a) = −0.5690/0.5977 = −0.9519
　　Y(b) = 0.0310/0.5977 = 0.0519
　　Y(c) = 0.5977/0.5977 = 1.0000

［ステップ 6］
　これらを重みとして使って、今度は評価カテゴリーの平均値を出す。
　　X(g) = [1 × (−0.9519) + 3 × 0.0519 + 6 × 1.0000]/10 = 0.5204
　　X(a) = [3 × (−0.9519) + 5 × 0.0519 + 3 × 1.0000]/11 = 0.0367
　　X(p) = [6 × (−0.9519) + 2 × 0.0519 + 0 × 1.0000]/8 = −0.7010

［ステップ 7］
　これらの重みによる平均値を求める。

N = [10 × 0.5204 + 11 × 0.0367 + 8 × (−0.7010)] /29 = 0

[ステップ 8]

N = 0 により、平均値による修正は必要ない。

[ステップ 9]

X の値をその中で一番大きな絶対値（g(x) で示す）で割り、その結果をまた X で示す。

X(g) = 0.5204/0.7010 = 0.7424

X(a) = 0.0367/0.7010 = 0.0524

X(p) = −0.7010/0.7010 = −1.000

上の［ステップ 2］から［ステップ 9］までを繰り返して行い、6個の値が全てそれぞれの値で収束するまで続ける。この例題では、5回目の繰り返しで収束が見られる。それまでの計算値だけ記すと表9のとおりである。

表9 交互平均法による計算結果

	繰り返し番号					繰り返し番号			
	2 Y	3 Y	4 Y	5 Y		2 X	3 X	4 X	5 X
1	−.9954	−.9993	−.9996	−.9996		.7321	.7321	.7311	.7311
2	.0954	.0993	.0996	.0996		.0617	.0625	.0625	.0625
3	1.0000	1.0000	1.0000	1.0000		−1.0000	−1.0000	−1.0000	−1.0000
g(y)	.5124	.5086	.5083	.5083	g(x)	.7227	.7246	.7248	.7248

最大の絶対値 g(y)、g(x) は次のような意味を持つことが知られている（Nishisato, 1988）。2つの値の積は固有値（eigenvalue）、幾何平均は特異値（singular value）である。この例の場合、固有値は p^2 = .5083 ×.7248 = .3648、特異値は p = .6070 となり、これは固有値の平方根である。

12.4 特異値とは

多変量解析では固有値、特異値という述語がしばしば出てくる。これらは、非常に重要な統計量である。固有値は主成分の分散であること

は、付録1に示したとおりである。これに対して特異値は固有値の平方根であるのみならず、数量化においては最も重要な役割を担った統計量である。第一に特異値は2個のカテゴリー変数がとり得る最大の相関係数である。上の例で得られた特異値はどのような値を2個の変数のカテゴリーに与えてもそれ以上の相関係数は得られないという最大の相関係数である。第二にその最大の相関係数とは最適のカテゴリーの重みを横軸に、それによる平均値を縦軸にプロットした場合に描かれる直線の傾斜である。傾斜は45度が最大で、その時は相関が1となる。第三に特異値は射影子（projection operator）の役割を担っている。これはのちほどグラフに行の重みと列の重みをプロットする場合、行の空間に列の重みを射影するというような話で出てくる。

　交互平均法で算出された選択肢の得点（重み）はのちほど述べるように様々な最適性を備えている。比較的簡単に最適の得点が得られるのに、それでもライカート方式の得点法が今日なお広く使われている理由には少なくとも次の三つが考えられる。第一は計算をせずに、データが集まった段階で得点を与えることができること、つまり即座に使用できること、第二は選択肢に新しく最適な得点を割り出してから使うという方法が一般にはあまり知られていないこと、第三にライカート得点法の利用価値は非常に限られているということが知られていないということであろう。

　ライカート方式というのは全くデータを離れて割り出したもので、手元のデータの情報を組み入れていないということを多くの研究者は忘れている。したがってデータ解析の目的はデータの情報をできるだけ取り出すことだと言いながら、ライカート方式の得点法ではその出発点のデータのコーディングの段階でその目的を無視する誤りを犯している。これはまさにデータ解析の落とし穴である。人間の行動のモデルを提唱しながらそのモデルが果たして人間の行動を予測できるかという重要な問題に対しデータを集めずに空論を述べているようなものである。

12.5　数量化

　さてここで述べた交互平均法は数量化理論（双対尺度法、対応分析、同質性分析、最適尺度法）で用いる数多くの方法のひとつである。ここではその方法はライカート法などで見られる等間隔の尺度（測度）から脱し、間隔を調整して線型グラフを求める方法として紹介された。しかし交互平均法は順位に束縛されない数値解析の方法でもあり、もし変数間に非線型の関係があるなら選択肢の得点を変換（この場合には非線型変換）して線型の関係を最大化しようという方法なのである。たとえば血圧と偏頭痛の関係では血圧が「高い」と「低い」、偏頭痛が「しばしば」に類似の得点（たとえば正の値）を与え、血圧が「適度」、偏頭痛が「めったにない」、「たまにしかない」に類似の得点（たとえば負の値）を与えることにより、線型相関が高くなる。この際、血圧が「高い」と「低い」に類似の得点を与えるということは正に非線型変換である。したがって交互平均法というのは選択肢間の間隔を調整するばかりではなく、選択肢の順の入れ替えもする解析法である。数量化の理論は変数間の線型相関が最大になるように変数の変換（等間隔から不等間隔へ）、または非線型変換（不等間隔とカテゴリー順位の変換）を施す方法であるということができる。したがって線型の関係をチェックする方法として出発した交互平均法の考えが、実は等間隔から我々を解放し、さらに非線型解析の道へと誘ってくれるのである。これこそライカート方式の得点法から我々を救ってくれるデータ解析法であり、数量化の存在理由を満たしてくれるものである。

　この非線型の関係をとらえるということでは次の点に注目しよう。交互平均法では、先の例でたとえば「教師A」を第1行においても第2行においてもあるいは第3行においても、同じ最適得点が得られるし同様に列の並び替えによりカテゴリー「良い」をどこにおいてもその最適得点は変わらない。これは、分割表の行の入れ替え、列の入れ替えをしても χ^2 統計量は変わらないというのに似ている。この χ^2 統計量の性質は後に非線型相関の話で出てくるのでここに紹介した。

13 順序づけられた選択肢に順序測度を用いるのはやめよう

13.1 ひとつの試み

これまでにも見てきたようにライカート方式、SD方式の場合のように選択肢に順序がある場合がしばしばある。たとえば「決してない」、「あまりない」、「たまにある」、「しばしばある」、「常にある」という選択肢である。あるいは「強く反対」、「やや反対」、「中立」、「やや賛成」、「強く賛成」というのもよく使われる。これらが等間隔に並ぶという仮定はライカート方式で用いられているが、上にも述べたように等間隔はあまりにも拘束的で融通がきかず、一般のデータ解析には役立たないことが多い。極端に言えばデータからたくさんの情報を把握しようという目的には多くの場合不適当である。

そこでということで、研究者はこれらの順序づけられた選択肢に与える重み（得点）に等間隔という拘束条件はやめ、その代わりに選択肢の重みを順序測度の如くに扱い、比率測度として決定しようと考える。これはたいへん進歩的な考えに見える。多くの研究者はその際未知の選択肢の得点に順位条件をつければよいと主張する。上の例のように選択肢が5個あり下から w_1, w_2, w_3, w_4, w_5 という得点を与える時、これらの得点（重み）は未知であるがその間には次の条件を取り入れよというのである。

$$w_1 \leq w_2 \leq w_3 \leq w_4 \leq w_5$$

これは一見もっともらしく見え多くの研究者がこのような拘束条件下で選択肢に「最適な」得点を決めようとしてきた。計量心理学の専門家でもこのような条件は必要であると主張する人が時々いる。

13.2 試みの正当化は難しい

しかし我々がこれまで見てきたところでわかるように、そのような条件つきの数量化はほとんどの場合データ解析の目的には役に立たず、むしろその妨げにすらなりかねない。この点に注目してほしい。実際に順

位の拘束条件などデータ解析の目的には無意味なことのほうが多い。なぜ無意味なのか？ まず数値例を見て納得しよう。

先に計算した血圧、偏頭痛、年齢など15人から得られた6項目に対する反応から6×6のピアソンの相関行列を計算したが、同じデータを各質問の3個の選択肢を拘束条件 $w_1 \leqq w_2 \leqq w_3$ のもとに相関が最大になるような数量化をしてみよう。1, 2, 3の得点で計算されたピアソンの相関行列と、順位の拘束条件下で最大化された相関行列は次のとおりである。

表10　2つの相関行列

ピアソンの相関行列

	血圧	偏頭痛	年齢	不安度	体重	身長
血圧	1.00					
偏頭痛	-.06	1.00				
年齢	.66	.23	1.00			
不安度	.18	.21	.22	1.00		
体重	.17	-.58	-.02	.26	1.00	
身長	-.21	.10	-.30	-.23	-.31	1.00

順位の拘束条件下の相関行列

	血圧	偏頭痛	年齢	不安度	体重	身長
血圧	1.00					
偏頭痛	.49	1.00				
年齢	.74	.39	1.00			
不安度	.40	.40	.54	1.00		
体重	.30	.33	.08	-.36	1.00	
身長	.21	.29	.29	.26	.30	1.00

ここで拘束条件下の相関行列の計算過程は少々複雑であり、この先使うことがないので省略する。我々の関心は拘束条件を用いたことで何かプラスになったかということである。答えは相関がかなり高くなったこと。つまり等間隔の条件を取り除き間隔を調整すると相関が大幅に上昇することである。この例だけでも等間隔得点の欠点がよくわかる。もしこのデータに含まれている非線型の関係の存在を知らなければ、これほどに高くなった相関に満足することであろう。しかしデータの内容を知った今となっては満足できない。この方法もデータの非線型関係を完全に無視しているのである。偏頭痛は血圧が高い時と低い時に現れるというような関係をとらえることができない。データ解析の観点からは無意味な実習に過ぎないといっても過言ではなかろう。

　データ解析の目的を呼び起こそう。それはデータにある情報をできる

だけたくさん抽出することである。ライカート方式の得点法、上の順位の拘束条件つきの数量化はそれぞれ線型解析、単調回帰のための方法である。したがって、血圧と偏頭痛のような非線型の関係の解析にはともに不適当なアプローチである。両者とも非線型関係の把握に役立たないなら等間隔をやめて順位だけ拘束すれば相関が若干上がるので後者のほうを薦めるべきであるという主張もわからないわけではない。しかし非線型の関係が無視されるのであれば、それは気休めに過ぎないと言えよう。

　もし気休めだというならデータ収集の点で得点を与えられるライカートの方法がデータ収集後に複雑な過程を経て得点を割り出す拘束条件下の数量化よりはずっと使いやすいから、この実用性の効用のほうが大きいかもしれない。それなのに研究者の中には優れた方法と考えて拘束条件下の数量化を唱える人がいる。これに対してもっと簡単な交互平均法は間隔の調整と行内、列内の入れ替えをデータに応じて同時にしてくれる。これこそ我々が求めるデータ解析の適法である。

14　拘束条件の無い自由なデータ解析法

14.1　多次元非線型記述解析

　これまで見てきたことはライカート方式の得点法などを使って、あるいはSD法を使って選択肢に得点を与えてしまうとデータの構造としてほとんど必然的に線型的関係しか見ることのできない線型解析になってしまうこと、あるいは、順序ある選択肢に順序という拘束条件をつけ選択肢に最適な得点を決定しようとする条件つき数量化の方法も、結局は単調回帰に終わるということであった。また変数間の関係には線型より非線型の関係の方がずっと多いことが予想されることにも注目した。さらに変数の正規分布を想定すると正規分布には線型関係しか含まれていないこと、つまり非線型関係は解析の段階で捨て去られることにも留意した。もうひとつつけ加えよう。それは、解析の目を非線型関係に向けるとまず一次元で解釈するデータ解析から多次元解析に進まなくては

データ解析の目的を果たせないこと、つまりデータを十分解析できないことである。もちろん一次元解析で満足のできる場合もあるが、おおむね多次元解析に頼らなくてはならないというのが現実である。

　ではどうすれば多次元的非線型解析ができるのであろうか。多くのアプローチがあるであろうが、ひとつの方法は全く順序関係などの拘束条件を使わず選択肢に与える得点を未知数と考えて、たとえばあらゆる2変数間の相関の平均値が最大になるように決定した後それらの得点を使って解析することで、これは先に述べた交互平均法が計算法を提供してくれる。一般にはこれが dual scaling（双対尺度法）、林の数量化Ⅲ類、correspondence analysis（対応分析）、homogeneity analysis（同質性分析）、optimal scaling（最適尺度法）などの名で呼ばれる方法のアプローチで、これまでの話からわかるようにデータ解析の重要な目的、つまり手元にあるデータに含まれる情報をくまなく抽出することを満たしてくれる。さらにこのアプローチでは、様々な変数間の関係には第1次元ではある種の非線型関係、第2次元では別の非線型関係、その次の次元ではというようにデータに含まれる全ての関係を残すところなく解析してくれる。線型結合のところで見たように、たとえば合成得点の分散が最大になるように、あるいは変数間の相関係数が最大になるようにということで直交成分を求めていけばよい。これこそデータ解析の目的を満足の行くまで満たしてくれる方法である。読者もこれに賛成していただけたら何よりである。

14.2　英語の参考書

　この方面の本は、林の数量化理論ということで日本では多数の本が早くから出ている。これはインターネットの検索で出てくるはずであるから、ここには取り上げない。同様にフランス語の本も多数出版されている。これもここには挙げない。今日、学会の国際的活動ではどうしても英語が中心となっているので、ここには英語の代表的な参考書を挙げておこう。

Benzécri, J. P. (1992). *Correspondence Analysis Handbook (Statistics; a*

Series of Textbooks and Monographs). New York: Marcel Dekker.
   これは T. K. Gopalan がフランス語の原著を英訳したもので Benzécri の考え、フランスの研究者の考えを直接知るには格好な書である。ただ索引がないのが不便。

Gifi, A. (1990). *Nonlinear Multivariate Analysis*. New York: Wiley.
   オランダのライデン大学の心理学、教育学の研究者の力作で、Albert Gifi は実はこの本の著者ではなく、これらの研究者が借りたライデン大学に実在した人の名前である。

Greenacre, M.J. (eds.) (1984). *Theory and Applications of Correspondence Analysis*. London: Academic Press.
   著者は南アフリカ出身で、今日この方面では第一の活躍者。フランスの Benzécri のもとで博士号をとり、この本によりフランスの対応分析を英語圏に普及させた。

Greenacre, M.J. and Blasius, J. (eds.) (1994). *Correspondence Analysis in the Social Sciences: Recent Developments and Applications*. London: Academic Press.

Greenacre, M.J. and Blasius, J. (eds.) (2006). *Multiple Correspondence Analysis And Related Methods*. Boca Raton: Chapman and Hall/CRC.
   スペインに在住の Greenacre、ドイツの Blasius がこの領域の研究者を集めて国際学会を開き、そこで発表された論文から選んだものをまとめたもので第一線の研究者の論文が多数収録されている。

Lebart, L., Morineau, A. and Warwick, K. M. (1984). *Multivariate Descriptive Statistical Analysis (Probability & Mathematical Statistics)*. New York: Wiley.
   フランスの第一人者 Lebart、その共同研究者 Morineau、それにアメリカの経済研究者 Warwick が加わってまとめたもので、広い観点から書かれ統計学者に好まれている。

Le Roux, B, and Rouanet, H. (2004). *Geometric Data Analysis: From Correspondence Analysis to Structured Data Analysis*. Dordrecht: Kluwer Academic Publishers.

これはフランスの研究者2人の力作で内容が豊かであるが、数学の述語が多くて一般の読者には難しい。

Nishisato, S. (1980). *Analysis of Categorical Data: Dual Scaling and Its Applications*. Toronto: University of Toronto Press.

双対尺度法という言葉が使われた最初の英語による書で、多種類のカテゴリーデータを解析しようとしたもの。トロント大学出版会の数学叢書のひとつ。

Nishisato, S. (1994). *Elements of Dual Scaling: An Introduction to Practical Data Analysis*. Hillsdale: Lawrence Erlbaum.

中級程度の解説書として双対尺度法の全貌を数値例を用いて解説。強制分類法も含まれている。

Nishisato, S. (2006b). *Multidimensional Nonlinear Descriptive Analysis*. Boca Raton: Chapman and Hall/CRC.

著者が退職以後、おもに関西学院大学、同志社大学で客員教授として滞在中に書いたものでこれまでの研究の集大成。

さて Nishisato (1980, 1994, 2006b) はこの方法を様々なデータに適用して、その応用の広さを dual scaling の特徴としてきた。すなわち分割表、多肢選択データ、分類データ、順位データ、一対比較データ、継次カテゴリーデータ、多元データなどの最適解析である。さらに条件つき分布での最適尺度法、すなわち射影子を利用する強制分類法も開発している。しかし最近になって他の名前で研究を進めてきた研究者も彼らの方法が Nishisato と同じようなデータにも応用する可能性を発見している。したがって双対尺度法はその応用の広いことで知られてきたが、最近の発展によって様々な名称で呼ばれてきた方法は現在では「同じ方法」であると言える段階にまできている。記号法、数式の導き方、算出された数値の単位の取り方などの細かな点では多くの名称の下に出てきた方法に違いはあるが、数学的には同じである。

14.3 解析の例

これまでに、血圧、偏頭痛、年齢などの例題を用いて、ライカート方式の得点法から得られた相関行列、そして順序づけられた選択肢に順位の拘束条件をつけた数量化により選択肢の得点を求め、それから得られた相関行列の2つを見てきた。同じデータを使って、自由な解析法（双対尺度法）を見てみよう。これは双対尺度法を多肢選択データに応用するということである。まずこれまで使ってきた15×6のデータ行列（表4）は次のように置き換えられる（表11）。

表11 双対尺度法のための「血圧、偏頭痛」データ

被験者	質問1 123	2 123	3 123	4 123	5 123	6 123
1	100	001	001	001	100	100
2	100	001	100	001	010	001
3	001	001	001	001	100	001
4	001	001	001	001	100	100
5	010	100	010	010	001	010
6	010	100	010	001	001	100
7	010	010	010	100	100	001
8	100	001	100	001	100	001
9	010	010	010	100	100	010
10	100	001	010	010	100	001
11	010	100	100	001	010	010
12	010	010	001	001	010	010
13	001	001	001	001	001	100
14	100	001	100	010	001	100
15	001	001	001	001	100	010

ここで明らかなようにもはやこのデータには数量が含まれていない。各質問に対し被験者の反応は（100），（010），（001）のいずれかである。すなわち被験者は最初の選択肢を選んだか、次の選択肢を選んだか、最後の選択肢を選んだかのいずれか一つである。双対尺度法の課題は計18個の選択肢の重み（得点）は未知数であるとして、それらの未知数を被験者の合成得点の分散が最大になるように決めるということであ

る。今選択肢に与える未知の得点を x_i ($i=1, 2, 3, \cdots, 18$) とすると質問1の選択肢には x_1, x_2, x_3 を、質問2の選択肢には x_4, x_5, x_6 を、質問3の選択肢には x_7, x_8, x_9 をというように、未知数を与えていく。そうすると、たとえば、被験者1の反応パターンは 100　001　001　001　100　100 であるから、合成得点（y_1 で示そう）は

$$y_1 = x_1 + x_6 + x_9 + x_{12} + x_{13} + x_{16}$$

このように、(100), (010), (001) の反応パターンを、その被験者が選んだ選択肢に与える未知数の得点で置き換えた表を項目得点表と呼ぶ。最初の5人の被験者と最後の被験者の項目得点表を示すと、表12のとおりである。

表12　項目得点表

被験者	項目					
	1	2	3	4	5	6
1	x_1	x_6	x_9	x_{12}	x_{13}	x_{16}
2	x_1	x_6	x_7	x_{12}	x_{14}	x_{18}
3	x_3	x_6	x_9	x_{12}	x_{13}	x_{18}
4	x_3	x_6	x_9	x_{12}	x_{13}	x_{16}
5	x_2	x_4	x_8	x_{11}	x_{15}	x_{17}
⋮	⋮	⋮	⋮	⋮	⋮	⋮
15	x_3	x_6	x_9	x_{12}	x_{13}	x_{17}

双対尺度法の課題は、これら18個の選択肢の最適な得点（重み）を決めることである。それには、たとえば被験者の得る6個の未知数の得点の平均点は15人の被験者から15個得られるが、その15個の平均点の分散が最大になるように18個の未知数を決めればよい、あるいは表12にある各項目の得点と各被験者の総合点の相関を計算すると、相関係数が6個得られるが、その6個の相関の平均値が最大になるように選択肢の得点（重み）を決めてやればよい、あるいは、全ての変数間の相関の平均値が最大になるように18個の選択肢の重みを決めてやればよい。ここでは先に検討した線型結合とは異なり、重みの二乗和が1というような条件は使っていないし、未知数に関しても拘束条件を明らかにしていないが、これらは単位の選択の段階で決められるので、ここでは取り上げない。

上述のように、この数量化の問題は様々な目的関数を最大にするように選択肢の得点を決める問題として定義できるが、実際には表11の反応パターンの形のデータを交互平均法にかけてやれば、前回と同じように最適解が得られる。その計算にはコンピューターのプログラムが必要である。ここで素晴らしいことはこの簡単な方法がデータに含まれるあらゆる変数間の関係（線型、非線型）を全て取り出してくれることである。

　話だけでは納得がいかないので数値例を見てみよう。連続量の場合、主成分分析が用いられるが、n個の変数があると被験者が変数の数よりはるかに多い場合、n個の主成分が得られる。これに対して双対尺度法などの数量化の場合、血圧のデータを取り上げると、3個の選択肢を持つ6つの質問からなるデータなので、18個の選択肢には拘束条件を使わず自由な数量化が行われる、と話した。ただ3個の選択肢ということは初めの2個の選択肢が選ばれたかどうかがわかれば第3番目の選択肢が選ばれたかどうかがわかるというように、全く自由なのは2個の選択肢に与える得点である。ということで3個の選択肢を持つ各項目の数量化には2次元の空間で十分なので、6個の項目を完全に記述するには12次元の空間、つまり12個の主成分が必要となる。

　まずデータの情報が主成分にどのように分布しているか、主成分の情報分布を見よう。情報の測度として双対尺度法では分散を項目数で割った統計量、相関比（correlation ratio）を用いる。この統計量によれば情報の分布は以下のとおりである。

表13　情報の分布

主成分	1	2	3	4	5	6	7	8	9	10	11	12
相関比	.54	.37	.35	.31	.13	.12	.08	.05	.03	.02	.01	.00
デルタ(%)	27	19	17	16	6	6	4	3	2	1	1	0
累積率(%)	27	45	62	77	83	89	93	96	98	99	100	100

　多肢選択データの場合、相関比の平均値は$1/n$（このデータの場合は$1/6 = 0.17$）で、相関比がこの平均値より小さくなると信頼性係数が負の値をとることが知られている（Nishisato, 1980）。上のデータでは第5成分の相関比がこの平均値より小さいので、Nishisato（1980）はこのよ

うな場合、その前の第4成分まで吟味することを薦めている。しかしデータの情報は12個の主成分に分布していることを記憶しておこう。

このデータにはこのように多くの独立な情報が含まれている。変数間の関係から見るとある次元では2つの変量の関係が線型に近く、他の次元では明らかに非線型であるというような情報が複雑に絡み合ってデータの構造をなしている。それでは情報を説明するという観点から、最も貢献度の高い第1の主軸と第2の主軸に反映された構造をまず見ることとしよう。次の表は第1主軸と第2主軸への6個の質問のそれぞれ3つの選択肢に与えられた重み（得点）である。

なお主軸とはグラフの軸（座標軸）で、分散を最大にする軸を意味する。また成分はたくさんあるが、主軸で決まる成分——主軸に射影した成分——こそが主成分である。これらの詳細については巻末の付録1・2を参照されたい。

表14　第1主軸、第2主軸の最適得点

		第1主軸	第2主軸
血圧	低	-0.72	0.82
	中	1.17	-0.19
	高	-0.86	-0.74
偏頭痛	まれ	1.04	-1.08
	たまに	1.31	0.70
	しばしば	-0.78	0.12
年齢	20-34	-0.37	0.56
	35-49	1.03	0.22
	50-65	-0.61	-0.56
不安度	低	1.55	1.21
	中	0.12	0.31
	高	-0.35	-0.33
体重	軽	-0.27	0.46
	中	0.32	0.01
	重	0.50	-1.40
身長	低	-0.56	-0.63
	中	0.83	-0.35
	高	-0.27	0.98

これら各質問内では3個の選択肢は順序づけられたものであるが、それらに対する最適の得点は、ある項目ではたとえ順序どおりであっても等間隔ではなく、他の項目では順序どおりになっていない。第1成分では選択肢の得点が順位どおりになっている項目は不安度と身長だけ、第2成分では血圧、年齢、不安度、身長、体重である。しかしこれらの得点は明らかに等間隔ではない。線型、非線型の関係が介入して複雑な変数間の関係を示し、それを効率よく説明しようとしている双対尺度法の効用が伺える。先に述べたように双対尺度法は各項目の選択肢の線型、非線型変換を行い、項目間の線型相関が最大になるようにする方法であるが、多数の変数（項目）を同時に数量化しているので、その操作は複雑である。しかし第1主成分に見られる選択肢の得点を見ただけで、すでにライカート方式の得点法が到底このデータを説明できないことは自明であろう。

　第1、第2主軸がどのような情報をとらえているかを見るには、どの項目がこれらの成分により多くの貢献をしているかを示す統計量が役に立つ。そのような統計量の一つは各項目と成分との相関の二乗値である。この統計量は表15の通りである。

表15　項目と成分の相関の二乗値

項目	第1成分	第2成分
血圧	0.92	0.38
偏頭痛	0.93	0.34
年齢	0.54	0.23
不安度	0.41	0.29
体重	0.11	0.52
身長	0.36	0.49

　表15から第1成分は圧倒的に血圧と偏頭痛の非線型関係が決定要因となっていることがわかる。つまり「偏頭痛が多い時は血圧が低いか、高い時である」という関係である。第1成分には年齢と不安度が次に高い貢献を示しているが、選択肢の得点を見ると年齢が20-34と50-65、

不安度が高い時が、「偏頭痛が多い時は血圧が低いか、高い時である」の記述の中に入る。第2成分では項目の貢献度が減少しているが、あえて見ると身長、体重、血圧が比較的高い貢献度を示している。このような吟味、つまり主軸ごとに解釈することは通常なされることであるが、我々が心すべきことは次のような多次元空間の性質である。

　　　「多次元空間にある2個の変数を小次元（例として1次元）で見ると、遠くにある変数が実際より近く見え、相関の低い変数が実際よりは相関が高く見える」(Nishisato, 2005)

ということである。つまり小次元空間で離れている2変数は多次元でも離れているが、逆に小次元空間で近くに見える変数は多次元空間でも近くに見えるという保障はないというのがひとつの結論である。これにより軸ごとに変数関係の姿を吟味することには問題があるので、Nishisato (2005) は多次元空間で変数がどのような集まり（クラスター）を形成するかを見ることを提唱している。

　一般にはせいぜい3次元くらいのグラフまでしか書けないので、多次元という言葉をここでは実用的に解釈したい。手短にある2次元のグラフを見て解釈することは上の提唱に反するものであるが、一応見ることにしよう。第1と第2の主軸に選択肢の得点を座標として、選択肢をプロットしたものが図14である（◆は被験者を示し、▽は項目の反応を示す）。

　このグラフには情報が満載されている。双対尺度法でデータ解析をした場合、あまりにも情報が多すぎるということは誰しも経験することである。だからと言ってそれを無視すべきでない。複雑な情報をデータが示すのであればそれがデータの構造であるから解釈しなくてはならない。

　このグラフで何が見えるであろうか。まず2次元空間でクラスターをなしているものを見よう。主成分分析や因子分析と違って項目が解析の単位ではなく、選択肢が単位になっていることに注目しよう。したがって双対尺度法の解析では選択肢のクラスターを求めることになる。図14によると大雑把に見て、第2象限にクラスター「血圧が低い、若い、背が高い」が見られ、第3象限に「血圧が高い、高齢、背が低い、不安

データ解析への洞察　65

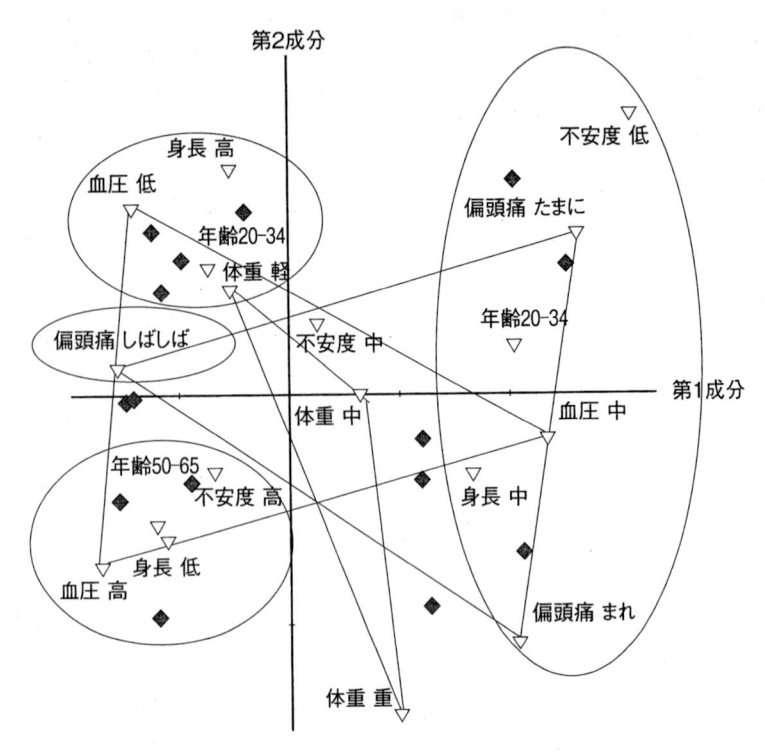

図14 双対尺度法の第1、第2成分

度が高い」が見られる。そしてこれらを結ぶものに、「偏頭痛がしばしば」というのが2つのクラスターの中間にある。グラフの右側の第1、第4象限にはごく正常というか、平均的選択肢に関係あるクラスターが集まっている。すなわち「不安度が低い、偏頭痛はたまに、あるいはまれにあるだけ、中年、血圧は平均、身長は平均」である。多次元空間の性質としてはこれらのクラスターも他の次元を加えてみると、さらに細分割されることになる。したがって究極的には12次元空間でクラスターをなすものは何かという問題になる。紙面の都合でここでは第1、第2の主軸による2次元空間だけ見ることにするが、すでにこれだけでもかなりの情報量が得られることに注目しておこう。

ここで双対尺度法の特徴をひとつ挙げておこう。血圧の3選択肢、偏

頭痛の3選択肢を2次元のグラフで結ぶとそれぞれ大きな三角形が得られる。この三角形が大きければ大きいほど、それらの変数は第1、第2の主軸空間に貢献しているということである。これに対して体重の3選択肢が形成する三角形は極めて小さい。この三角形の話は次節で見る線型解析の場合には直線になる（つまり、3個の選択肢が直線上に位置する）ということで対比されるので覚えておこう。

各次元で選択肢に与える得点が変わるということは、各次元で6個の項目間の相関行列が得られるということである。いま第1主軸、第2主軸を作る選択肢の得点を使って、それぞれの相関行列を求めると、次表のとおりである。

表16　第1主軸からの相関表

	血圧	偏頭痛	年齢	不安度	体重	身長
血圧	1.00					
偏頭痛	.99	1.00				
年齢	.60	.58	1.00			
不安度	.47	.51	.67	1.00		
体重	.43	.39	.08	-.33	1.00	
身長	.56	.57	.13	.19	.20	1.00

表17　第2主軸からの相関表

	血圧	偏頭痛	年齢	不安度	体重	身長
血圧	1.00					
偏頭痛	.06	1.00				
年齢	.59	-.31	1.00			
不安度	.07	.35	.35	1.00		
体重	.28	.62	-.01	.19	1.00	
身長	.31	.29	.32	.17	.38	1.00

これらの相関行列は先に見た項目得点表（表12, 14）から得られるもので、第1主軸の選択肢の得点を用いて表16の相関行列を、次いで、第2主軸の選択肢の得点を使って表17の相関行列を計算したものである。このようにデータを見ると、このデータからは次元と同じ数、つま

データ解析への洞察　67

り12個の相関行列が得られ、データの項目間の情報が実に12個の相関行列に分布しているということである。それだけの情報を全てくまなく取り出してくれるのが双対尺度法である。

14.4 最適な選択肢の重みとは

　ここで双対尺度法の重要な側面をひとつ取り出しておこう。それは最適な選択肢の得点とは何かということである。統計学では「情報」という概念を2、3の観点から定義しているが、そのひとつは「分散」という統計量による定義である。分散は得点の「散らばり」を示す統計量である。卑近な例で言えばもしテストをして、全員が満点をとったとすると得点の散らばりがゼロとなる。つまり分散がゼロとなり、このようなテストは何の情報ももたらさないことになる。これはすぐに理解できる概念である。今この分散を情報量ということにして、ひとつの例を考えよう。50人の学生が20個の質問からなる数学のテストを受けたとしよう。各質問の得点は0点から10点で与えられ、教師が採点をするとしよう。テストが終わった段階で、50×20のデータ行列が得られるが、これをもとにそれぞれの質問の分散を計算する。質問jの分散をs_j^2で示し、(但し、$j=1, 2, 3, \cdots, 20$)、被験者iの総得点をt_iで示す (但し、$i=1, 2, 3, \cdots, 50$)。この、総得点と質問jの相関の二乗をr_{jt}^2で示そう。これまで見てきたように、分散は得点の散らばりの測度であり、相関の二乗は相関と同じく、この場合、質問jがどれだけ総得点tに貢献しているかの測度である。したがって研究者が願うことは、相関の二乗値が大きければ大きいだけ、それに対応する分散も大きくあるべきである。つまり、我々の測定に関係の大きな (相関が大きな) 項目はそれだけ総得点の分布に大きな影響を持つべきである。これを2つの測度を使って述べると、項目jの分散とr_{jt}^2は比例関係にあるべきであるということになる。通常の得点法を使ってデータを集め、それから項目の分散と項目総得点間の相関の二乗を計算してみると、両者の間に比例関係のない項目のほうが圧倒的に多いという結果が往々にして見られる。とすればそこで使っている得点とは何なのかという疑問が起こる。測定にあまり

関係のない質問が質問紙の得点を左右しているなど、もってのほかである。これは数学のテストは一次元的であるからと言ってライカートの得点方式を使っても、ライカートの方式には比例関係を確かにする論理が背景にないので、結果はおおむね我々の期待を裏切るものである。しかし、双対尺度法の最適得点とは実はその比例関係を常に満たすものなのである。すなわち、双対尺度法を使うと、

$$s_j^2 \propto r_{jt}^2$$

ここで、$\propto$は「比例関係」を意味するものである。これは、数量化において最も重要な特徴のひとつである。

14.5 内的整合性の信頼係数

テストの信頼性というのは、次のような定義に基づく。ある質問jに対する被験者iの得点をX_{ij}とすると、これは観測値と呼ばれる。テスト理論では、観測値は、真の値T_jと誤差E_{ij}に分解される。つまり$X_{ij} = T_j + E_{ij}$。テストの信頼性というのは、真の得点の分散を観測値の分散で割ったものと考えればよい。ここで真の得点というのは観測できないので、信頼性係数の推定値の式がこれまでたくさん提唱された。そのひとつがクロンバックのアルファ（α：整合性信頼係数）、内的整合性の信頼性係数と言われるものである。Lord（1958）は主軸を使う得点法はクロンバックのアルファを最大にすることを示した。この係数は双対尺度法の観点（Nishisato, 1980）からは、次式で示される。

$$\alpha = 1 - \frac{1-\eta^2}{(n-1)\eta^2}$$

ただしnは項目数、η^2は数量化の最適基準として用いられる相関比である。さらにNishisato（2006b）は双対尺度法の数量化において、クロンバックのアルファは次式で表現できることを示している。

$$\alpha = \frac{n-1}{n}\left(\frac{\sum_{j=1}^{n}r_{jt}^2}{\sum_{j=1}^{n}r_{ji}^2 - 1}\right)$$

双対尺度法は項目と総点との相関が最大になるように選択肢の得点を決

める方法であるので、上の関係から双対尺度法は信頼性係数を最大にする方法であるということがわかる。つまり双対尺度法は項目の内的整合性を最大にし、かつとらえる情報量を最大にする数量化の方法である。また上の関係からアルファが1になるのは各項目が総点と1の相関を持つ場合、アルファが0になるのは項目と総点の相関の二乗和が1になる時、これが1以下になるとアルファは負の値をとることがわかる。

　もともと信頼性というのは「真の得点」の分散を「観測された得点」の分散で割ったものという概念に基づいたものであるから、概念としては負の値をとらないものであるが、クロンバックの信頼性の式はそれの推定値であり、負の値もとることが上にあげた2つの式の第2式からわかる。また第1の式からはアルファは相関比が$1/n$の時ゼロになり、それ以下では負になることがわかる。ところでこの臨界値$1/n$はn個の多肢選択データを双対尺度法にかけた場合に得られる固有値（相関比）の平均値となっている（Nishisato, 1980, 1994, 1996, 2006b）。

15　ライカート得点方式を用いた線型解析との比較

15.1　例題による比較

　双対尺度法の解析結果が線型解析とどれほど違うのかは例を見なくては納得できないかもしれない。血圧のデータはすでに双対尺度法で解析されたので、そのライカート方式の得点法を使ったデータを主成分分析に掛けてみよう。先に述べたように主成分分析法はこのデータの場合、6個の項目の線型結合（合成得点）を考え、その分散が最大になるように6個の項目の重みを決める方法である。この時6個の主軸が得られるが、それに用いられる基礎情報は先に見たピアソンの相関行列である。言葉を言い換えれば主成分分析はピアソンの相関行列の主軸による直交分解である。この方法では6個の重みが決定されるが双対尺度法の場合には18個の未知数を決定することであった。ここにすでに両者の違いが潜んでいる。この違いを言葉を変えて言えば、双対尺度法では次元数を6から12（前述のように$18-6=12$の次元）に広げ、それにより

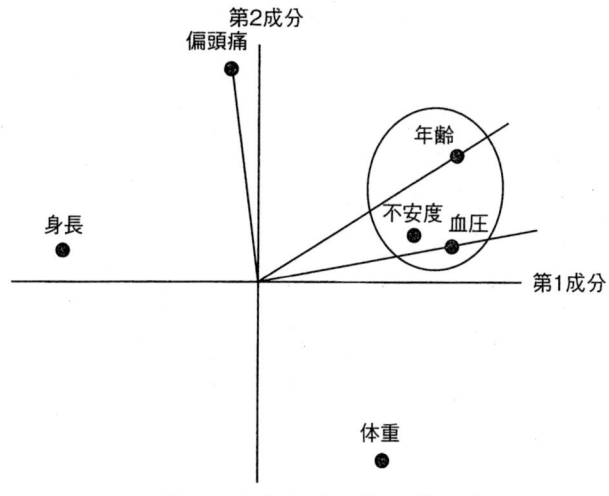

図15　主成分分析の第1、第2成分

　非線型の関係をも解析の対象にしていると言ってよいであろう。ピアソンの相関が線型関係しかとらえられないことはすでに注目したことである。この主成分分析ではデータの情報が次のように6個の成分に分散している（表18）。

表18　情報の分布

主成分	1	2	3	4	5	6
固有値	2.05	1.67	1.01	0.74	0.29	0.25
デルタ (%)	34	28	17	12	5	4
累積デルタ(%)	34	62	79	91	96	100

　双対尺度法の解析と同様に、ここでも最初の2個の成分をプロットしてみよう（図15）。ここには注目すべきことがいくつかある。
  1. ここで見られるのは線型解析の結果である。したがって年齢、不安度、血圧のクラスターが第1象限に見えるのは、これらは線型の関係で結ばれているということである。すなわち「年齢が増えるとともに、不安度も増し、血圧も上がる」という関係である。

データ解析への洞察　71

2. 変数としての各項目は原点からグラフに記されたその変数の点を通る軸で示されるが、その項目の1, 2, 3という得点を与えられた選択肢はその軸上に同じ順序で並んでいる。
3. これは双対尺度法の場合、同じ項目の3個の選択肢が、直線上には並ばず、三角形を構成しているのとは大きな違いである。
4. 付録1に述べるように2変数間の相関係数は対応する軸の角度の余弦であるので、上のプロットから、たとえば血圧と偏頭痛はほとんど直交していることから、両者間の相関はゼロに近いことがわかる。しかしこの相関がゼロに近いというのは、線型相関のことである。

15.2　比較のまとめ

　さて大雑把に言って、まず相関行列は変数間の線型的関係の度合いを示すだけであって、変数間の関係を必ずしも、というよりは、ほとんど表すものではないこと、したがって主成分分析の結果はデータの構造を表現するものではないこと、つまり、その結果はデータ解析とは言えないことである。6個の主成分全てをいくら吟味しても、血圧と偏頭痛の非線型の関係は見当たらない。結論は、ライカート方式の得点はこのデータに含まれる線型関係だけを反映するものでデータの構造を把握するには不適当である。したがってそれに基づく主成分分析もデータ解析の全面的解析とはいえない。

16　各種の相関行列

16.1　線型関係だけとらえる相関係数

　以上、我々はライカート方式の得点法が等間隔に得点を与えることの問題点を見てきた。その教訓はデータの情報も見ずに得点法を導き出すことが危険であること、それに伴う結果の内容の乏しさはデータ解析と呼ぶにはほど遠いものであること、したがって解析によってデータを理解したことにはならないこと、そのような研究は科学の進歩に貢献する

ことが少ないという結論であった。これで任意な得点を使う危険性が、十分に説明されたと思う。

この任意な得点法に関連して相関係数にも大きな関心を向けるべきことを簡単に紹介したい。血圧、偏頭痛等のデータからすでに様々な相関行列が計算された（ライカート法による得点からの相関行列（表19）、順序の拘束条件に基づいた数量化の相関行列（表20））。

表19　ライカートの得点による相関

	血圧	偏頭痛	年齢	不安度	体重	身長
血圧	1.00					
偏頭痛	-.06	1.00				
年齢	.66	.23	1.00			
不安度	.18	.21	.22	1.00		
体重	.17	-.58	-.02	.26	1.00	
身長	-.21	.10	-.30	-.23	-.31	1.00

（表10　左側と同じ）

表20　順序の拘束条件下の相関

	血圧	偏頭痛	年齢	不安度	体重	身長
血圧	1.00					
偏頭痛	.49	1.00				
年齢	.74	.39	1.00			
不安度	.40	.40	.54	1.00		
体重	.30	.33	.08	-.36	1.00	
身長	.21	.29	.29	.26	.30	1.00

（表10　右側と同じ）

この例題のデータ解析には、もうひとつ多分相関（polychoric correlation）というものがある。これは順位のあるカテゴリー変数の分割表が得られた時、2個の変数はもともとは2変量正規分布からきたという想定のもとに、その元の分布の相関を推定しようというものである。社会科学の領域でよく知られているのは四分相関（tetrachoric correlation）で、変数が共に2つの選択肢を持つ場合に得られる2×2の分割表が、実は2個の変数はもともと2変量正規分布からきたという想定から、それぞれ二分されない前の相関係数を推定しようというもので、多分相関の特

殊なケースである。四分相関の近似式は社会科学でよく知られているが、多分相関の数式は非常に複雑なので取り上げない。筆者が学生の頃は多分相関の式などなく、例えば3×3の分割表の場合、行、列をまとめ可能な数の2×2の分割表を作り、四分相関を計算、それらの総合として多分相関を推定したものである。ここには我々のデータから計算された多分相関だけを示すことにしよう（表21）。

表21　多分相関

	血圧	偏頭痛	年齢	不安度	体重	身長
血圧	1.00					
偏頭痛	-.12	1.00				
年齢	.79	.32	1.00			
不安度	.29	.31	.36	1.00		
体重	.23	-.72	-.06	.40	1.00	
身長	-.29	.12	-.39	-.30	-.40	1.00

　これら3つの相関行列を提示されただけでも、どれを選ぶべきかに迷うであろう。しかも対応する数値を比べるとかなりの変動がある。したがってどれを選んだかによって、解析の結論も大いに異なってくる。これはたいへん困る問題である。

　しかしこの3つの相関行列はいずれも線型、あるいは単調増加の関係だけをとらえているもので、このデータにたくさん含まれているような非線型の関係を無視している。したがっていずれも採用できない。それでは、どのような相関係数が適当であろうか。

16.2　非線型の関係もとらえる相関係数

　本書では双対尺度法の第1成分、第2成分に基づく相関行列を見た。それらは確かに非線型をよくとらえてくれる。しかしこのデータからは12の相関行列が出てくる。それらをまとめて、変数間の相関行列をひとつで代表できないものであろうか。この問いに対してNishisato(2005)は多次元にわたる相間関係を総合する係数ニュー（ギリシャ語のν）を提唱した。それは数量化に反映される全ての相関の合成相関であり、多

表22　連関係数

	血圧	偏頭痛	年齢	不安度	体重	身長
血圧	1.00					
偏頭痛	.71	1.00				
年齢	.63	.45	1.00			
不安度	.44	.56	.55	1.00		
体重	.37	.50	.40	.31	1.00	
身長	.46	.45	.25	.20	.40	1.00

次元空間を使って数式化されたものである。しかし提唱のわずか一年後にその係数は有名なクラメール（Cramér, 1946）の連関係数 V に等しいことを証明した（Nishisato, 2006a）。Nishisato の係数と Cramér の連関係数を比べると後者のほうが数式が簡単なのでそれを示そう。$m \times n$ の分割表で、かつ $m \leq n$ の場合、連関係数 V は次式で与えられる。

$$V = \sqrt{\frac{x^2}{f_t(m-1)}}$$

ただし f_t は分割表の総度数、χ^2 は分割表から行と列の独立性を仮定して計算される χ^2 統計量である。この連関係数を我々のデータから計算すると、表22が得られる。

これで見るように非線型の関係を取り入れると全ての係数が正の値をとっている。これとライカート方式の得点によるピアソンの相関行列（表19）を比べると両者の間の情報のギャップが明らかになる。それだけ線型の関係だけのデータ解析は、実際にある変数間の関係を無視していることになる。

さて連関係数 V の利用に関してはそれを直接直交分解にかけると、各次元でどのような変数変換が行われたかという情報が無視されるので、それまた問題である。これは Nishisato（2006b）に検討されている話題なのでここでは省略する。

17　お膳立てが成り立つなら、従来の方法を使おう

　これまでは推計学のお膳立てが成り立たないような時に注目して話を進めてきた。しかし条件をコントロールし、母集団のはっきりした実験ではランダムサンプル、標本の独立性が保障されるという場合も当然考えられる。このような時、比率測度がデータとして得られるなら、当然のこととして強力な推計学による解析がなされるべきである。これは伝統的な統計学の講義に任せよう。

　社会科学ではもうひとつ考えなくてはならないことがデータの測度の問題で、本書では安易な等間隔得点の問題を見てきた。統計学のお膳立てには、たとえば平均値、分散、相関などの統計量の処理には当然データの測度の水準が比率測度であることが必要である。このメッセージも本書の意図するところで、こう考えると我々が通常集めるデータは果たして伝統的な解析に耐えうるものであるかという疑問が浮かぶ。しかし本書は伝統的な統計学を批判するものではなく、むしろ条件がそろうなら、それに越したことはないという観点に立つものである。

18　おわりに

　多肢選択データは特に社会科学ではどこにでも見られるデータである。そして多くの場合いわゆるライカート方式と呼ばれる得点法でデータが処理されている。本書ではこれを例にデータ解析の目的について私見を述べ、ライカート方式のいわゆる等間隔得点法がいかに情報検索を限られたものにしているか、例を見ながら検討した。その結論はたとえ項目の選択肢が順序づけられているものであっても、ライカート方式ではとらえられない情報がたくさんあり、等間隔方式の代わりに未知の順序測度を求める数量化的方法でも、データに含まれる線型的あるいは単調増加的情報しかとらえられないことを見た。これらの討論を通じ実際のデータでは変数間に非線型の関係が多いことに注目し、その結果選択肢の得点の算出にはデータに含まれる情報を使ってデータに即した数量

を割り出すことの重要性を話し合った。そのような得点の算出法は数量化理論で知られている方法（双対尺度法、対応分析、同質性分析、最適尺度法）であるという結論に達した。これにより、ここでは数量化の存在理由を一瞥したということである。

　本書では双対尺度法の詳細は検討しなかったが、その意図は十分理解できたと思う。本書に続き、「数量化への誘い――数によるデータの把握と解釈」（仮題）を出版の予定であるので、双対尺度法の詳細についてはそれを参照してほしい。いろいろと私見を述べたが、もちろんライカートの得点方式は常に誤っているとは言っていない。しかし、個人差が多く含まれている社会科学で得られるデータには、必ずと言ってよいほど変数間に非線型の関係が含まれており、さらにそうでない場合も選択肢間の距離が等間隔であるとするライカート方式には問題がある。それによってこれまでの多くの研究においては、豊かな情報を含むデータを極めて情報量が限られる線型関係に落とし込み、それだけを見ようとしてきたのである。つまり、データを線型というフィルターに掛けることで、データに含まれる豊かな情報――すなわち非線型関係――を無視してきたのである。そのような解析から結論を出してきた研究を考える時、限られた結果だけを見ることが、なぜ長いこと受け入れられてきたのか、真に残念に思われる。データ解析の落とし穴は、通常集めたデータをライカート方式の得点で表すか、自己流の得点方式で表すか、とにかくそれを因子分析に掛けると結果が解釈できること、線型関係だけを見ても結果は確かにもっともらしく見えるということである。疑問はそれでデータが十分わかったかということである。その答えは言うまでもない。そしてそこで失われた情報量を考えると、これまでどれだけ時間を浪費したのか、どれだけ誤解を招いたかという疑問が出る。データ解析の目的は「データに含まれる情報をできるだけたくさん取り出して、データを理解することである」ということは誰しも同意できることであろう。その同意を実行に移すのがデータ解析の本髄である。

付録1　分散、主軸、固有値、相関係数

1　2次元空間の分散

話を簡単にするために今 X_1 も X_2 も平均が0になる数量であるとしよう。この例のように得点が2次元空間にある時、被験者の原点から2次元座標 (X_{1i}, X_{2i}) までの距離の散らばりを示す統計量が分散である。各距離の二乗はピタゴラスの定理により、$X_{1i}^2 + X_{2i}^2$ で示される。X_1 も X_2 も平均値がゼロということは、その和の平均値もゼロであるから原点から各学生の座標の距離の二乗和は、$\sum (X_{1i}^2 + X_{2i}^2) = \sum X_{1i}^2 + \sum X_{2i}^2$ となる。分散はこれらを ($N-1$) で割ったものであるから2次元空間にある得点の分散は X_1 の分散 s_1^2 と X_2 の分散 s_2^2 の和であるということになる。

2　合成得点の分散

合成得点は原点から合成軸上の被験者の位置であるので、その分散は2次元空間にある2変数の分散 ($s_1^2 + s_2^2$) より一般に小さい。両者が等しくなるのは全てのデータが合成軸上にのり、隔たりの分散がゼロの時である。

さて9.3で見たように線型結合は重みを変えることにより様々な合成得点が作り出される。たとえば被験者の中に2つのグループがあり、その2群をできるだけ効率よく分けるような合成得点を作りたいというのであれば、通常は各群の平均値を通るような軸に得点を射影すると群間の差が大きくなる合成得点ができる。

これまでに見てきたようにどのような軸にデータ座標を射影するかにより、合成得点の分散(広がり)を自由自在に変えることができる。多くの場合、合成得点を作る目的は各学生の2つの得点を見る代わりに、1個の合成得点でおおよその情報が得られないかということにある。データの持つ情報量とは通常その分散で示されるので合成得点の分散が総分散 ($s_1^2 + s_2^2$) にできるだけ近いものになるように、つまり合成得点の分散が最大になるように2つの得点の重みを決定すればよいということになる。グラフからいうとそのような合成得点軸は学生の座標点を最も良く代表するような軸である。すなわち学生の座標点と合成得点の差が最小になるような軸である。

極端なケースでは $X_2 = 2X_1$ というような関係があるとすれば全てのデータ座標は直線上にあり、合成得点との差がゼロとなる。この際1個の合成得

点の分散が X_1 と X_2 の分散の和に等しくなる。しかし一般にはデータの座標が全て一直線上にあることはまれで、合成得点の軸（直線）からのずれが合成得点を使う場合の情報の損失になる。この場合分散が最大になるような合成得点を作っても合成得点の分散は X_1 と X_2 の分散の和より小さいことは明らかである。

3　主軸と固有値と合成得点の関係

どのような分布をしたデータであれ、合成得点の分散が最大になるような合成得点を示す軸を主軸（principal axis）と呼ぶ。主軸上のデータの分散を固有値（eigenvalue）と言いギリシャ文字ラムダ（λ）で示す。これは第1の固有値なので λ_1 で示す。第1の主軸に直交する軸は第2の主軸で、その軸への射影得点の分散が第2の固有値で λ_2 で示される。変数の数が2個の場合、合成得点の分散ともとの変数の総分散には次の関係がある。

$$s_x^2 + s_y^2 = \lambda_2 + \lambda_2$$

主軸、固有値の計算過程は複雑なのでここでは検討しないが課題だけ述べると「合成得点 Y の分散 (s_y^2) が最大になるように変数 X_i の重み w_i を決めよ」ということでこれは s_y^2 を w_i で偏微分して、それをゼロとおいた式を w_i に関して解けばよい。

4　線型結合の一般化

以上の知識を一般化しておこう。被験者 i の n 個の変数の線型結合 Y_i を考える。

$$Y_i = w_1 X_{1i} + w_2 X_{2i} + w_3 X_{3i} + \ldots + w_n X_{ni}$$

ここで $w_1^2 + w_2^2 + w_3^2 + \ldots + w_n^2 = 1$ である。この条件を満たすような重みは初めの重み（w_j^* としよう）がどのようなものであれ、

$$w_j = \frac{w_j^*}{\sqrt{\sum_{k=1}^{n}(w_k^*)^2}}$$

とすれば、二乗和が1という条件を満たすことがあきらかである。先に述べたように第1の主軸はそれに射影された得点の分散が最大になるような軸で、その時の分散が第1の固有値である。第2の主軸は第1の主軸に直交するという条件で、それへの射影値の分散が最大になるような軸であるが、そ

の計算過程は省略する。n 個の変数があると通常 n 個の主軸と n 個の固有値が得られる。n 個の変数の分散の総和と固有値には次の関係がある。

$$\sum_{j=1}^{n} s_j^2 = \sum_{j=1}^{n} \lambda_j$$

5　主成分分析

　主成分分析 (principal component analysis) というデータ解析法は Hotelling (1933) が提唱した方法であるが、同じ考えは Pearson (1901) が論じている。主成分分析はまさに固有値分解の方法で、主軸と固有値を求め変数の線型結合を求めるものに過ぎない。第1の主成分(分散が最大の合成得点)が求まったら、第2の主成分は、第1の主成分とは直交（無相関）という条件で、分散が最大になる第2の主軸を求める。このようにして、データを主軸空間に表現しようという方法が主成分分析である。

　ところで n 個の線型結合 Y が得られたが、これまでの話から各線型結合はデータをそれに射影する軸であり、それらの軸が互いに直交することを条件に求められているので、n 個の主軸は n 次元の直交座標を形成する。ここで通常のグラフの方法をもう一度見てみよう。我々が国語の得点 (X) と英語の得点 (Y) をプロットする時は上記のものとずいぶん違う。なぜかというとこの場合、国語 X と英語 Y は通常直交（相関ゼロ）ではなく、ある程度の相関が考えられるからである。

6　直交座標系と相関

　ここで重要なことを取り上げておこう。我々は n 個の変数の線型結合として合成得点を出し、n 個の主軸（n 個の直交成分）を算出できることを検討した。そして n 個の主軸は n 次元の直交座標を与えてくれる。今度は逆に各変数を直交座標 Y_i の線型結合として表現することが可能であろうか？　それは可能である。ということは変数を相関のある軸ではなく、直交座標で示すことができるということである。一般に相関のある変数を直交座標のグラフに示すと、どうなるであろうか？

　線型結合が散布した点をひとつの軸に射影して得られること、すなわち線型結合は全て軸として表現されることを見てきた。直交座標系では各変数が直交座標の線型結合として示されることから、全ての変数が軸として表現さ

れることになる。この論理的遷移を心に記してほしい。直交座標系では各変数に対する被験者の得点は全てその変数の軸上に位置する。これが数学的に正しいデータのグラフ法である。スキャタープロットからの脱離がこのようにして可能になる。我々にとって重要なことは直交座標系を使うと各変数が1個の軸として表現される。その結果2個の変数間の相関係数はもはやスキャタープロットの形に示されるのではなく、2つの変数の軸の間の角度 θ の余弦で示されるということになる。変数 j と k の相関は

$$r_{jk} = cos\theta_{jk}$$

この点はたとえば因子分析の本などに記述されていると思われるので、それを参照してほしい。

付録2　二次関数と主軸

　主軸と固有値の話がデータ解析に関して出たので、同じ話題を数学の観点から見て理解の助けとしよう。数学で知られていることのひとつとして、2変数の二次関数を軸の回転により対称的なグラフに変換できるというのがある。これは二次関数を標準形（canonical form）に変換する問題として取り上げられる。この変換は、たとえば次の関数 $5x^2 + 8xy + 5y^2 = 9$ から、積 xy を消去しようというものである。これは $5x^2 + 8xy + 5y^2 = Ax^{*2} + By^{*2}$ を解く問題、つまり後者の係数 A, B を求める問題となる。ここで x^* と y^* は元の x, y 軸を直交回転した軸である。上の等式から A, B を求めることはできるが、それでは時間がかかり過ぎるので、一切説明なしに行列式を拝借して積 xy の消去をさせてもらう。積 xy の係数は8であるので、その半分の4が次式に出ている。5と5は二乗の項の係数である。固有方程式というのは、この例題では固有値の二次関数で、つぎの式を満たす固有値を求める問題になる。

$$(5 - \lambda)(5 - \lambda) - 4 \times 4 = \lambda^2 - 10\lambda + 9 = (\lambda - 9)(\lambda - 1) = 0$$

　つまり固有値は $\lambda_1 = 9, \lambda_2 = 1$ となり、この結果から $5x^2 + 8xy + 5y^2 = 9$ の式は $9x^{*2} + y^{*2} = 9$ と書くことができる。後者が標準形である。興味深いことはこれらの式に対応するグラフである（図16）。この x^* と y^* は主軸、その係数の9と1は2個の固有値 λ_1 と λ_2 である。この標準形では、x^* と $(-x^*), y^*$ と $(-y^*)$ は二乗すると同値になることから、そのグ

ラフは軸 x^*, y^* に関して対称になるという結論が出てくる。ここでは取り上げないが、これをさらに固有値問題として解く時は、この変換はもとの軸を45度回転したものであるという結果も出てくる（問題の解として $cos\theta = sin\theta = \frac{1}{\sqrt{2}}$ がでてくる）。図16の θ が回転の角度である。

　この標準形への変換は他の様々な二次関数に適用でき、二次の項だけからなる数式の係数は固有値であり、関数は全て主軸に関して対称である。ここでは我々がデータ解析で使う主軸、固有値の概念が、関数でも出てくることを紹介した。データ解析でも主軸というのは、それに関する観測値の分布が対称になるという性質を備えているが、完全な対称ではなく、平均的に対称であるということである。

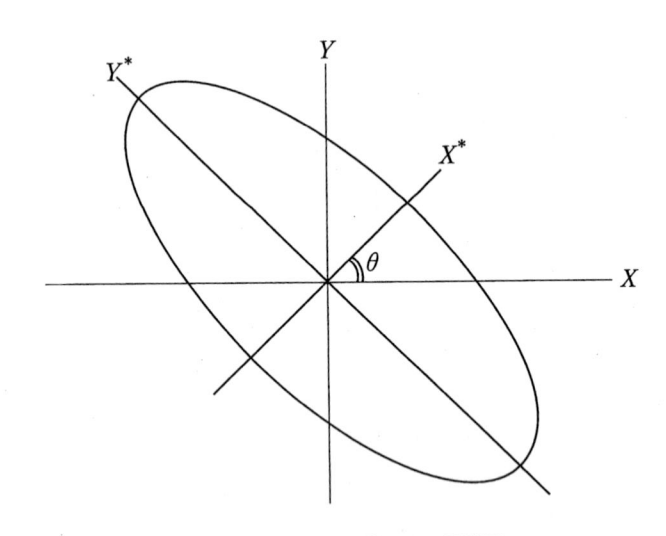

図16　二次関数とその標準形

付録3　質疑応答（Q&A）

Q1　ライカート方式、SD方式のメリットは？

　本書ではこれらの方式が非難の対象になった。それは探索的データ解析の観点に立ったからである。もし研究・調査で、測定の対象が線型関係で説明されることが分かっている場合（たとえば臨床心理で一義的な心理特性のスケールを作る場合）、ライカート方式、SD方式が使いやすい。しかしそのような場合でも、本書に紹介された方法で、等間隔性のチェックをしてほしい。（12節、13節参照）その結果、間隔を調整すれば結果の向上が期待できる。

Q2　心理測定などのアセスメントにライカート法を使うのは？

　心理測定では測定の対象の事象を限定する場合が多い。不安のスケールを作るとか、外向性のスケールを作るかなどである。その際、対象は一次元で把握できる場合が多く、そうであればライカート法が使えるであろう。しかし、社会調査などになると、質問も多岐にわたり多次元現象を対象にすることが多く、線型に基づくライカート法では現象をまともに把握できず不適当となる。

Q3　物理量である血圧、長さ、重さなどの解析でも、ライカート方式と同じ等間隔の問題があるのか？

　物理量によって心理量を測ろうとするものではないので、本書で検討したようなライカート方式にまつわる問題はない。一般に比率測度の解析は線型解析が普通で、比率測度に非線型解析を取り入れるには、例えば非線型回帰解析のように、2次、3次、交互作用などの項を導入するというように解析が複雑になる。

Q4　心理量と物理量の関係は？

　これはFechnerの「精神物理学」の問題で、たとえば、物理量として音の振動数を変えていく時、人間の聴覚がどのようにそれについてい

くかという関数関係を求める研究領域である。たとえばある程度以上の振動数になると、我々の聴覚は違いを弁別できなくなることが知られている。重さ、長さなどの物理量は比率尺度と考えると等間隔の尺度を持つから、ライカート法の場合のような問題が起こるかという疑問を持つ人もあろう。しかし比率測度であればスケーリングの余地はないので、そのような問題は無関係である。問題は、比率測度でどのようにして非線型関係の予測をするかというモデル構成の問題になる。

Q5 母集団とは多数の被験者を対象にした概念なのか？

　本書では、結果の一般化の対象として多数の被験者を述べたが、これは個人にも当てはまる概念である。個人の場合、たとえば反応時間の実験で個人が無限回反応するという事態では、個人を母集団と考えてもよいであろう。

Q6 順序づけられたカテゴリーの数量化になぜ順序が不要なのか？

　人間の体力と年齢の関係で考えてみよう。子供は最高20キロのおもりを持ち上げられる、20代では90キロ、40代では80キロ、60代では50キロを持ち上げられるとしよう。年齢に順序づけられた得点を与え、重量にも順序づけられた得点を与えると、上記のような非線型の関係が記述できなくなる。上の関係は横軸に年齢、縦軸に持ち上げられるおもりの重さをとってグラフを書けば、非線型の関係が得られるが、いったん年齢に順序づけられた値を与えてしまうと、非線型の関係がとらえられなくなる。対象（従属変数）が体力という現象であり、年齢とおもりの重さは独立変数である。同様に宗教心の強い人と無宗教の人が環境問題に同じ意見を示すこともあろうし、不安度の高い人と低い人が、中程度の人より速い反応時間を示すこともあろうし、英語の得意な人と不得意な人が、中程度の人より、歴史では高い点を取るというようなことがある。宗教の関心度、不安度、英語の成績、歴史の成績などに、順序尺度を与えてしまうと、上のような関係は見出せなくなる。どのような現象（従属変数）を解析するか、我々の関心事は独立変数の順位のあるカ

テゴリーに与える重みで、それに順序をつけることはないというのが本書の立場である。

Q7　順序づけられた選択肢にも順位をつけずに数量化してしまうということで初めになかったような情報を作り上げてしまうことはないのか？

　これはもっともな疑問であるし、スケーリングを仕事としてきた筆者がいつも聞かれる質問である。これは数量のないものに数量を与えるのは何事かという質問にも通じている。しかしカテゴリーデータには座標がないと考えられているが、実はれっきとした幾何学的表現があるのである。そして数量化というのはそのような幾何学的表現を持つデータの多次元空間の布置をあらゆる角度から見て、データの構造が最も見やすい空間に射影する方法なのである。初めになかった情報を作り出すことは許されないことで、この観点からデータ解析の実態を見ることは重要である。

Q8　林の数量化理論Ⅲ類、双対尺度法、対応分析法などの違いは？

　これらは全てカテゴリーデータの特異値分解であるので、数学的には同等である。ただ数式の導出の違い、言葉の違い、単位の選択の違い、アウトプットの違いなどはある。これらの方法を導き出すには10以上の目的関数が知られている。目的関数というのは、未知の重みを決定する際に基準とする関数である。たとえば被験者の得点の分散が最大になるように未知数を決める場合の分散とか、算出される得点の信頼性が最大になるように選択肢の重みを決める時の信頼性係数などである。

参考文献

Benzécri, J.P. (1992). *Correspondence Analysis Handbook. (Statistics; a Series of Textbooks and Monographs)*. New York: Marcel Dekker.

Bock, R. D. and Jones, L.V. (1968). *The Measurement and Prediction of Judgment and Choice*. San Francisco: Holden-Day.

Cramér, H. (1946). *Mathematical Methods of Statistics*. Princeton: Princeton University Press.

Fisher, R. A. (1940). The precision of discriminant functions. *Annals of Eugenics, 10*, 422-429.

Gifi, A. (1990). *Nonlinear Multivariate Analysis*. New York: Wiley.

Greenacre, M.J. (eds.) (1984). *Theory and Applications of Correspondence Analysis*. London: Academic Press.

Greenacre, M.J. and Blasius, J. (eds.) (1994). *Correspondence Analysis in the Social Sciences: Recent Developments and Applications*. London: Academic Press.

Greenacre, M.J. and Blasius, J. (eds.) (2006). *Multiple Correspondence Analysis And Related Methods*. Boca Raton: Chapman and Hall/CRC.

Horst, P. (1935). Measuring complex attitudes. *Journal of Social Psychology, 6*, 369-374.

Hotelling, H. (1933). Analysis of complex of statistical variables into principal components. *Journal of Educational Psychology, 24*, 417-441 and 498-520.

Lebart, L., Morineau, A. and Warwick, K. M. (1984). *Multivariate Descriptive Statistical Analysis. (Probability & Mathematical Statistics)*. New York: Wiley.

Le Roux, B, and Rouanet, H. (2004). *Geometric Data Analysis: From Correspondence Analysis to Structured Data Analysis*. Dordrecht: Kluwer Academic Publishers.

Likert, R. (1932). A technique for the measurement of attitudes. *Archives of Psychology, 140*, 44-53.

Lord, F. M. (1958). Some relations between Guttman's principal components of scaleanalysis and other psychometric theory. *Psychometrika, 23*, 291-296.

西里静彦（1975）．応用心理尺度構成法．東京：誠信書房．

Nishisato, S. (1980). *Analysis of Categorical Data: Dual Scaling and Its Applications*. Toronto: University of Toronto Press.

Nishisato, S. (1988). *Effects of Coding on Dual Scaling*. A paper presented at the Annual Meeting of the Psychometric Society, University of California, Los Angeles.

Nishisato, S. (1994). *Elements of Dual Scaling: An Introduction to Practical Data*

Nishisato, S. (2005). New framework for multidimensional data analysis. In Weihs, C. and Gaul, W. (eds.), *Classificaiton-the Ubiquitous Challenge*. Heidelberg: Springer, 280-287.

Nishisato, S. (2006a). Correlational structure of multiple-choice data as viewed from dual scaling. In Greenacre, M.J. and Blasius, J. (eds.), *Multiple Correspondence Analysis and Related Mehods*. Boca Raton: Chapaman and Hall/CRC, 161-177.

Nishisato, S. (2006b). *Multidimensional Nonlinear Descriptive Analysis*. Boca Raton: Chapman and Hall/CRC.

Nishisato, S. and Nishisato, I. (1994). *Dual Scaling in a Nutshell*. Toronto: MicroStats.

Pearson, K. (1901). On lines and planes of closest fit to systems of points in space. *Philosophical Magazines and Journal of Science, Series 6, 2*, 559-572.

Pearson, K. (1904). Mathematical contribution to the theory of evolution. XIII. On the theory of contingency and its relation to association and normal correlation. *Drapers' Company Research Memoires, Biometric Series, 1*, 1 235.

Richardson, M. and Kuder, G.F. (1933). Making a rating scale that measures. *Personnel Journal, 12*, 36-40.

Stevens, S.S. (1951). Mathematics, measurement and psychophysics. In S.S. Stevens (ed.), *Handbook of Experimental Psychology*. New York: Wiley.

Thurstone, L.L. (1927). A law of comparative judgment. *Psychological Review, 34*, 273-286.

索　引

あ

一次結合　32
一次元尺度法　40, 46
一対比較データ　59
因子分析　11, 43, 65, 77, 81
SD法　39, 56
SD方式　8, 39, 41, 47, 54, 83

か

回転　81, 82
カテゴリー順位の変換　53
カテゴリーデータ　13, 15, 17, 49, 59, 85
間隔測度　19, 20, 23-25
幾何平均　51
危険度　14
記述統計学　11, 15, 17, 18
帰無仮説　13-15
強制分類法　59
距離　20, 24, 26, 35, 77, 78
クラスター　65, 66, 71
クロンバックのアルファ　69
継次カテゴリーデータ　59
計量心理学　4, 23, 54
検定量　13, 14

貢献度　63, 65
交互平均法　8, 49, 52, 53, 56, 57, 62
合成得点　8, 9, 32-39, 57, 60, 61, 70, 78-80
拘束条件　9, 41, 54-57, 60-62, 73
項目得点　61, 67
個人差　7, 18, 23, 40, 77
固有値　9, 39, 51, 52, 70, 71, 78-82

さ

最適尺度法　53, 57, 77
四分相関　73, 74
射影　32, 35-37, 52, 78-80, 85
射影子　52, 59
尺度法　8, 23, 40, 46, 48, 53, 57, 59, 60-62, 64-66, 68-72, 74, 77, 85
主軸　9, 10, 39, 63-67, 69, 70, 78-82
　——空間　67, 80
主成分分析　9, 12, 18, 39, 62, 65, 70-72, 80
順位　41, 48, 53-56, 59, 60, 64, 73, 84, 85
　——データ　59
順序測度　9, 15, 19, 23-25, 54, 76
条件つきのデータ　7, 21
情報量　23, 26, 66, 68, 70, 77, 78

情報理論　　26
信頼性　　48, 62, 69, 70, 85
心理測定　　83
推計学　　11, 13, 15-18, 31, 32, 76
数量化　　1, 8, 11, 21, 23, 52-57, 60, 62, 64, 69, 70, 73, 74, 76, 77, 84, 85
──理論　　53, 57, 77, 85
スキャタープロット（散布図）　　27, 29, 33, 81
スケーリング　　4, 8, 23-26, 30, 84, 85
正規相関　　8, 27, 47
正規分布　　8, 14-17, 26-31, 47, 56, 73
精神物理学　　83
積率相関　　27, 28
線型　　8, 9, 11, 27, 28, 30-34, 39, 41, 42, 44, 46-48, 53, 56, 57, 61-64, 67, 70-72, 74-80, 83
──回帰　　8, 48
──解析　　9, 30, 31, 46, 56, 67, 70, 71, 83
──結合　　8, 9, 32, 34, 39, 57, 61, 70, 78-80
──的関係　　27, 44, 56, 72
選択肢　　7, 9, 22, 23, 25, 28, 29, 39, 41, 42, 44, 45, 47-49, 52-57, 60-69, 72, 73, 76, 77, 85
相関行列　　9, 43, 55, 60, 67, 68, 70, 72-75
相関係数　　9, 15, 27-29, 39, 42, 43, 45, 47, 52, 57, 61, 72-74, 78, 81
相関比　　62, 69, 70
双対尺度法　　48, 53, 57, 59-62, 64-66, 68-72, 74, 77, 85

た

対応分析　　53, 57, 58, 77, 85
多元データ　　59
多次元空間　　8, 30, 32, 65, 66, 74, 85
多次元非線型記述解析　　9, 56
多分相関　　73, 74
多変量分散分析　　12
単位　　19, 20, 34, 38, 59, 61, 65, 85
直交　　9, 32, 35, 57, 70, 72, 75, 79, 80, 81
──座標　　9, 80, 81
データ解析　　1, 3, 4, 7-9, 11-13, 15-19, 21, 25-27, 30-32, 40, 42, 43, 48, 52-57, 65, 72, 73, 75-77, 80-83, 85
等間隔得点法　　41, 76
統計学　　3, 4, 7, 11-18, 26, 31, 49, 58, 68, 76
統計量　　14, 15, 27, 28, 31, 42, 43, 51-53, 62, 64, 68, 75, 76, 78
同質性分析　　53, 57, 77
特異値　　8, 51, 52, 85
独立性　　14, 75, 76

な

内的整合性の信頼係数　　9, 69
二次関数　　10, 39, 81, 82

は

判別問題　　49
ピアソンの相関　　18, 42, 43, 47, 49, 55, 70, 71, 75
非線型　　8, 9, 13, 18, 28, 30-32, 41,

47, 48, 53, 55-57, 62-64, 71, 72, 74-77, 83, 84
　——的関係　　13, 18
標準形　　81, 82
標本分布　　15, 27, 31
比率測度　　20, 23-25, 30, 31, 39, 54, 76, 83, 84
分割表　　24, 44, 45, 47, 53, 59, 73-75
分散　　9, 12, 15, 26, 32, 38, 39, 51, 57, 60-62, 68-71, 76, 78-80, 85
平均値　　14, 15, 18, 26, 27, 30, 31, 44-46, 48-52, 57, 61, 62, 70, 76, 78
ベルヌーイ過程　　14
母集団　　14, 15, 17, 26, 31, 76, 84

ま

無作為抽出　　14
名義測度　　19, 23-25

ら

ライカート法　　8, 23, 44, 48, 53, 73, 83, 84
ライカート方式　　8, 13, 15, 25, 28, 30, 39-42, 44-49, 52-54, 56, 60, 64, 70, 72, 75-77, 83
　——の得点法　　13, 15, 25, 28, 30, 39, 40, 46, 52, 53, 56, 60, 64, 70, 72
ランダムサンプル　　15-17, 76
臨界値　　14, 15, 70
臨床心理　　13, 40, 83
連関係数　　75
連続量　　13, 15, 23, 31, 62

【執筆者略歴】

西里　静彦（にしさと・しずひこ）

トロント大学名誉教授。関西学院大学客員教授。
1961年北海道大学で修士、1966年ノースカロライナ大学でPh.D.を取得。マッギル大学を経て、1967年～2000年までトロント大学。
計量心理学、なかでも双対尺度法の世界的権威で国際計量心理学会の会長、学会誌Psychometrikaの編集長を歴任。アメリカ統計学会のフェロー、ノースカロライナ大学心理学同窓会のDistinguished Alumnus。

[主　著]　西里静彦 (1975). 応用心理尺度構成法. 東京：誠信書房.
西里静彦 (1982). 質的データの数量化――双対尺度法とその応用. 東京：朝倉書店.
Nishisato, S. (1980). *Analysis of Categorical Data: Dual Scaling and Its Applications*. Toronto: University of Toronto Press.
Nishisato, S. (1994). *Elements of Dual Scaling: An Introduction to Practical Data Analysis*. Hillsdale: Lawrence Erlbaum.
Nishisato, S. (2006b). *Multidimensional Nonlinear Descriptive Analysis*. Boca Raton: Chapman and Hall/CRC.
Nishisato, S. and Nishisato, I. (1994). *Dual Scaling in a Nutshell*. Toronto: MicroStats.

K. G. りぶれっと　No.18

データ解析への洞察――数量化の存在理由

2007年7月5日初版第一刷発行

著　　者	西里静彦
発行者	山本栄一
発行所	関西学院大学出版会
所在地	〒662-0891　兵庫県西宮市上ケ原一番町1-155
電　　話	0798-53-5233
印　　刷	協和印刷株式会社

©2007 Shizuhiko Nishisato
Printed in Japan by Kwansei Gakuin University Press
ISBN 978-4-86283-014-2
乱丁・落丁本はお取り替えいたします。
本書の全部または一部を無断で複写・複製することを禁じます。
http://www.kwansei.ac.jp/press

関西学院大学出版会「K・G・りぶれっと」発刊のことば

大学はいうまでもなく、時代の申し子である。
その意味で、大学が生き生きとした活力をいつももっていてほしいというのは、大学を構成するもの達だけではなく、広く一般社会の願いである。
研究、対話の成果である大学内の知的活動を広く社会に評価の場を求める行為が、社会へのさまざまなメッセージとなり、大学の活力のおおきな源泉になりうると信じている。
遅まきながら関西学院大学出版会を立ち上げたのもその一助になりたためである。
ここに、広く学院内外に執筆者を求め、講義、ゼミ、実習その他授業全般に関する補助教材、あるいは現代社会の諸問題を新たな切り口から解剖した論評などを、できるだけ平易に、かつさまざまな形式によって提供する場を設けることにした。
一冊、四万字を目安として発信されたものが、読み手を通して〈教え-学ぶ〉活動を活性化させ、社会の問題提起となり、時に読み手から発信者への反応を受けて、書き手が応答するなど、「知」の活性化の場となることを期待している。
多くの方々が相互行為としての「大学」をめざして、この場に参加されることを願っている。

二〇〇〇年　四月